高职高专"十三五"规划教材

机 械 制 图

（第 4 版）

主　编　巫恒兵　邵金发
副主编　黄　克　张丽丽
主　审　许　亮

北京航空航天大学出版社

内 容 简 介

本书根据最新《技术制图》与《机械制图》国家标准,参考了有关文献,并结合作者十几年教学改革的实践经验编写而成。本书的主要内容包括:制图的基本知识、正投影的基本知识、立体表面的交线、组合体、轴测图、机件常用的表达方法、标准件与常用件、零件图和装配图。

本书可作为高职高专学校机械类、近机械类各专业机械制图课程的教材,也可供其他相近专业使用或参考。

本书的配套习题集为《机械制图习题集(第4版)》(主编:许亮、巫恒兵,书号:978-7-5124-1944-5)。

本书配有教学课件供任课教师参考,请发送邮件至 goodtextbook@126.com 或致电 010-82317037 申请索取。

图书在版编目(CIP)数据

机械制图/巫恒兵,邵金发主编. --4 版. --北京:
北京航空航天大学出版社,2016.6
ISBN 978-7-5124-2147-9

Ⅰ.①机… Ⅱ.①巫… ②邵… Ⅲ.①机械制图-教材 Ⅳ.①TH126

中国版本图书馆 CIP 数据核字(2016)第 121237 号

版权所有,侵权必究。

机械制图(第 4 版)

主　编　巫恒兵　邵金发
副主编　黄　克　张丽丽
主　审　许　亮
责任编辑　董　瑞

*

北京航空航天大学出版社出版发行

北京市海淀区学院路 37 号(邮编 100191)　http://www.buaapress.com.cn
发行部电话:(010)82317024　传真:(010)82328026
读者信箱:goodtextbook@126.com　邮购电话:(010)82316936
北京时代华都印刷有限公司印装　各地书店经销

*

开本:787×1092　1/16　印张:15　字数:384 千字
2016 年 6 月第 4 版　2022 年 9 月第 3 次印刷　印数:4 001~5 000 册
ISBN 978-7-5124-2147-9　定价:30.00 元

若本书有倒页、脱页、缺页等印装质量问题,请与本社发行部联系调换。联系电话:(010)82317024

前　　言

本书是2012年9月出版的《机械制图(第3版)》的修订版。本版教材仍保持原版"简明实用"的编写宗旨以及"识图为主"的编写思路,贯彻实用为主、够用为度的教学原则,采用广而不深、点到为止的教学方法,将基本技能贯穿教学的全过程。

为了适应高端技能型人才的培养需要,满足不同专业和不同学时数的实际需要,我们在以下方面作了必要的修订。

(1) 及时更新国家标准。本版全面贯彻最新发布的与本课程有关的国家标准,例如用"GB/T 131—2006 表面结构的表示法"代替"GB/T 131—1993 表面粗糙度",尺寸公差、几何公差按2009年颁布的相关国家标准进行修订。

(2) 重点突出了投影的基本理论、体的表达方法及工程图样的画图与阅读。基本理论部分通过大量例题突出了分析和解决问题的思路和方法。

(3) 教材中有丰富的图片,并配以文字说明,图文并茂,形象直观,启发性强,可大大激发学生的学习兴趣,加深对内容的理解消化。

(4) 与其配套的《机械制图习题集(第4版)》(书号:978-7-5124-1944-5)为培养学生手工绘图、尺规绘图、综合测绘提供了保证。

本教材第2章、第6章及第9章由江苏农林职业技术学院巫恒兵编写;绪论、第1章、第4章、第5章及第7章由苏州农业职业技术学院邵金发编写;第8章由江苏农林职业技术学院黄克编写;第3章及附录由江苏农林职业技术学院张丽丽编写。本教材由江苏农林职业技术学院许亮主审。

由于编者水平有限,时间仓促,书中的错误和不妥之处,恳请兄弟院校的师生和广大读者批评指正。

编　者
2016年4月

目 录

绪 论 …………………………………………………………………………………………… 1

第1章 制图的基本知识 …………………………………………………………………… 2

1.1 国家标准《技术制图》的基本规定 ………………………………………………… 2
1.1.1 图纸幅面和格式(GB/T 14689—1993) …………………………………… 2
1.1.2 比例(GB/T 14690—1993) ………………………………………………… 4
1.1.3 字 体 ………………………………………………………………………… 5
1.1.4 图 线 ………………………………………………………………………… 6
1.1.5 尺寸标注 …………………………………………………………………… 8

1.2 绘图工具及其使用 ………………………………………………………………… 12
1.2.1 绘图工具 …………………………………………………………………… 12
1.2.2 绘图用品 …………………………………………………………………… 15

1.3 常用几何图形的画法 ……………………………………………………………… 15
1.3.1 正多边形的画法 …………………………………………………………… 15
1.3.2 斜度和锥度 ………………………………………………………………… 17
1.3.3 圆弧连接的画法 …………………………………………………………… 18

1.4 平面图形的画法 …………………………………………………………………… 19
1.4.1 尺寸分析 …………………………………………………………………… 20
1.4.2 线段分析 …………………………………………………………………… 20
1.4.3 绘图方法和步骤 …………………………………………………………… 21

第2章 正投影的基本知识 ………………………………………………………………… 23

2.1 投影法的基本知识 ………………………………………………………………… 23
2.1.1 投影法及其分类 …………………………………………………………… 23
2.1.2 正投影的基本特性 ………………………………………………………… 25

2.2 物体的三视图 ……………………………………………………………………… 25
2.2.1 空间投影体系的建立 ……………………………………………………… 25

  2.2.3 三视图的对应关系 ··· 27
 2.3 点的投影 ·· 29
  2.3.1 空间点的位置和直角坐标 ·· 29
  2.3.2 点的三面投影图 ··· 29
  2.3.3 点的三面投影规律 ··· 30
  2.3.4 各种位置点的投影 ··· 30
  2.3.5 空间两点的位置关系 ··· 31
 2.4 直线的投影 ·· 32
  2.4.1 直线的三面投影 ··· 32
  2.4.2 直线上的点 ··· 33
  2.4.3 各种位置直线的投影 ··· 34
  2.4.4 两直线的位置关系 ··· 36
 2.5 平面的投影 ·· 37
  2.5.1 平面的表示方法 ··· 37
  2.5.2 各种位置平面的投影特性 ·· 37
  2.5.3 平面内的点和直线 ··· 40
 2.6 基本体的三视图 ·· 42
  2.6.1 平面几何体 ··· 42
  2.6.2 回转几何体 ··· 45
  2.6.3 基本几何体的尺寸标注 ··· 49

第 3 章 立体表面的交线 ·· 51

 3.1 截交线 ·· 51
  3.1.1 截交线的性质 ··· 51
  3.1.2 平面切割体的截交线 ··· 51
  3.1.3 回转切割体的截交线 ··· 53
 3.2 相贯线 ·· 58
  3.2.1 相贯线的几何性质及作法 ·· 59
  3.2.2 利用积聚性取点作相贯线 ·· 61
  3.2.3 利用辅助平面法作相贯线 ·· 63
  3.2.4 用辅助球面法求作相贯线 ·· 64

第 4 章 组合体 ·· 66

 4.1 组合体的组合形式 ·· 66
  4.1.1 组合体的构成方式 ··· 66
  4.1.2 组合体上相邻表面的连接关系 ···································· 66
  4.1.3 两基本体表面相切 ··· 67

4.2 组合体视图的画法 ·· 67
　　4.2.1 叠加型组合体的视图画法 ··· 67
　　4.2.2 切割型组合体的视图画法 ··· 70
4.3 组合体视图的识读 ·· 70
　　4.3.1 读图的基本要领 ·· 71
　　4.3.2 读图的基本方法 ·· 73
　　4.3.3 综合训练 ··· 74
4.4 组合体的尺寸标注 ·· 76
　　4.4.1 组合体尺寸标注的基本要求 ··· 76
　　4.4.2 尺寸标注要完整 ·· 77
　　4.4.3 尺寸标注要清晰 ·· 79

第 5 章　轴测图 ·· 80

5.1 轴测投影图的基本知识 ·· 80
　　5.1.1 轴测投影的形成 ·· 80
　　5.1.2 轴向伸缩系数和轴间角 ·· 81
　　5.1.3 轴测投影图的分类 ·· 81
5.2 正等轴测图 ··· 82
　　5.2.1 轴间角和各轴向的简化系数 ··· 82
　　5.2.2 平行于坐标面的圆的正等测 ··· 82
　　5.2.3 画法举例 ··· 83
5.3 斜二轴测图 ··· 87
　　5.3.1 轴间角和各轴向的伸缩系数 ··· 87
　　5.3.2 平行于坐标面的圆的斜二测 ··· 88
　　5.3.3 画法举例 ··· 88
5.4 轴测剖视图的画法 ·· 90
　　5.4.1 轴测图的剖切方法 ·· 90
　　5.4.2 轴测剖视图的画法 ·· 91

第 6 章　机件常用的表达方法 ································ 92

6.1 视　图 ··· 92
　　6.1.1 基本视图及其配置 ·· 92
　　6.1.2 向视图 ··· 94
　　6.1.3 局部视图 ··· 95
　　6.1.4 斜视图 ··· 96
6.2 剖视图 ··· 96
　　6.2.1 剖视图的概念 ·· 97

  6.2.2 剖视图的种类 …………………………………………………………………… 100
  6.2.3 剖切面与剖切方法 ………………………………………………………… 103
 6.3 断面图 …………………………………………………………………………………… 107
  6.3.1 断面图的基本概念 ………………………………………………………… 107
  6.3.2 断面图的种类、画法和标注 ……………………………………………… 108
 6.4 规定画法和简化画法 …………………………………………………………………… 110
  6.4.1 剖视图中的一些规定画法 ………………………………………………… 110
  6.4.2 简化画法 …………………………………………………………………… 112
 6.5 综合应用举例 …………………………………………………………………………… 114

第 7 章 标准件与常用件 …………………………………………………………………… 116
 7.1 螺纹画法及标注 ………………………………………………………………………… 116
  7.1.1 螺纹的形成和加工方法 …………………………………………………… 116
  7.1.2 螺纹的要素和种类 ………………………………………………………… 117
  7.1.3 螺纹的规定画法 …………………………………………………………… 119
  7.1.4 螺纹的标注 ………………………………………………………………… 122
 7.2 螺纹紧固件 ……………………………………………………………………………… 124
  7.2.1 常用螺纹紧固件的种类和标记 …………………………………………… 124
  7.2.2 常用螺纹紧固件连接画法 ………………………………………………… 125
  7.2.3 螺纹连接的防松 …………………………………………………………… 129
 7.3 键连接 …………………………………………………………………………………… 130
  7.3.1 键的功用、种类和标记 …………………………………………………… 130
  7.3.2 键连接装配图的画法 ……………………………………………………… 131
 7.4 销连接 …………………………………………………………………………………… 132
  7.4.1 销的功用、种类和标记 …………………………………………………… 132
  7.4.2 销连接的画法 ……………………………………………………………… 133
 7.5 齿 轮 …………………………………………………………………………………… 134
  7.5.1 齿轮的作用及分类 ………………………………………………………… 134
  7.5.2 齿轮各部分的名称及几何尺寸的计算 …………………………………… 134
  7.5.3 直齿齿轮的画法 …………………………………………………………… 136
  7.5.4 直齿圆柱齿轮的测绘 ……………………………………………………… 138
 7.6 滚动轴承 ………………………………………………………………………………… 139
  7.6.1 滚动轴承的结构、类型和代号 …………………………………………… 139
  7.6.2 滚动轴承的画法 …………………………………………………………… 141
 7.7 弹 簧 …………………………………………………………………………………… 143
  7.7.1 圆柱螺旋压缩弹簧各部分的名称及尺寸关系 …………………………… 143
  7.7.2 圆柱螺旋压缩弹簧的规定画法 …………………………………………… 144

7.7.3　圆柱螺旋压缩弹簧的零件图 ……………………………………………… 145

第8章　零件图 …………………………………………………………………… 147

8.1　零件图的内容 ……………………………………………………………………… 147
8.2　零件图的视图选择 ………………………………………………………………… 148
　　8.2.1　主视图的选择 …………………………………………………………… 148
　　8.2.2　其他视图的选择 ………………………………………………………… 149
8.3　零件图的尺寸标注 ………………………………………………………………… 150
　　8.3.1　尺寸基准 ………………………………………………………………… 150
　　8.3.2　尺寸标注的形式 ………………………………………………………… 151
　　8.3.3　合理标注尺寸的原则 …………………………………………………… 152
　　8.3.4　典型工艺结构的尺寸注法 ……………………………………………… 155
8.4　零件图的技术要求 ………………………………………………………………… 157
　　8.4.1　表面结构的图样表示法 ………………………………………………… 157
　　8.4.2　极限与配合 ……………………………………………………………… 161
　　8.4.3　几何公差（形状、方向、位置和跳动公差） …………………………… 169
8.5　零件上常见的工艺结构 …………………………………………………………… 172
　　8.5.1　零件的铸造工艺结构 …………………………………………………… 172
　　8.5.2　零件的机械加工工艺结构 ……………………………………………… 174
8.6　典型零件的表达方法 ……………………………………………………………… 175
　　8.6.1　轴套类零件 ……………………………………………………………… 176
　　8.6.2　盘盖类零件 ……………………………………………………………… 177
　　8.6.3　叉架类零件 ……………………………………………………………… 178
　　8.6.4　箱体类零件 ……………………………………………………………… 178
8.7　读零件图 …………………………………………………………………………… 180
　　8.7.1　读零件图的要求 ………………………………………………………… 180
　　8.7.2　读零件图的方法和步骤 ………………………………………………… 180

第9章　装配图 …………………………………………………………………… 183

9.1　装配图的内容 ……………………………………………………………………… 183
9.2　装配图的表达方法 ………………………………………………………………… 185
　　9.2.1　规定画法 ………………………………………………………………… 185
　　9.2.2　特殊画法 ………………………………………………………………… 186
　　9.2.3　视图选择 ………………………………………………………………… 187
9.3　装配图的尺寸标注 ………………………………………………………………… 188
9.4　装配图的零件序号和明细栏 ……………………………………………………… 188
　　9.4.1　零件序号 ………………………………………………………………… 188

9.4.2 明细栏 ………………………………………………………………… 189
  9.5 常见的装配结构 …………………………………………………………… 190
   9.5.1 两零件接触面的结构 …………………………………………………… 190
   9.5.2 零件的紧固与定位结构 ………………………………………………… 191
   9.5.3 零件的安装与拆卸结构 ………………………………………………… 191
  9.6 画装配图的方法和步骤 …………………………………………………… 192
   9.6.1 确定视图表达方案 ……………………………………………………… 192
   9.6.2 画装配图的步骤 ………………………………………………………… 193
  9.7 读装配图 …………………………………………………………………… 197
   9.7.1 读装配图的要求 ………………………………………………………… 197
   9.7.2 读装配图的方法和步骤 ………………………………………………… 197
  9.8 由装配图拆画零件图 ……………………………………………………… 200
   9.8.1 由装配图拆画零件图的步骤 …………………………………………… 200
   9.8.2 拆画零件图应注意的问题 ……………………………………………… 201

附　　录 ………………………………………………………………………… 202

参考文献 ………………………………………………………………………… 228

绪　　论

　　工程图样是机械制造、水利工程、土木建筑等领域的重要技术文件,是工程技术界的语言。工程技术人员必须具备阅读和绘制图样的能力,掌握手工绘图和计算机绘图的方法。

　　"机械制图"是工科类学生的一门十分重要的必修技术基础课,主要学习研究机械图样的阅读、绘制规律与方法,学习国家标准《机械制图》《技术制图》的有关内容。

　　本课程的主要任务是：

　　① 培养严肃认真的工作态度和一丝不苟的工作作风。

　　② 掌握正投影法的基本原理。

　　③ 培养对机件三维形状的空间逻辑思维能力和形象思维能力。

　　④ 培养阅读和绘制机械图样的能力。

　　⑤ 初步培养查阅技术资料的能力。

　　本课程是一门既有系统理论,又有很强的实践性的重要的技术基础课。因此,学习时应当注意以下几点：

　　① 要理论联系实际。本课程的内容需要通过不断地读图和画图实践才能逐步掌握,完成一定数量的习题和作业是学好本课程的重要环节,是巩固基本理论的保证。因此,必须严肃认真及时地完成布置的各项作业。

　　② 要重视培养空间想象能力和投影分析能力。

　　③ 要严格遵守制图国家标准,对常用标准要能熟练运用。

　　④ 有条件时,要尽可能较多地使用零件和模型。

　　⑤ 在教学中应当重视采用突出重点、分散难点的教学方法,阐明学习要点,分析关键所在,以期取得良好的教学效果。

第1章 制图的基本知识

工程图纸是工程技术人员表达设计意图、交流技术思想、组织和指导生产的重要技术文件。掌握制图的基本知识是培养画图与看图能力的基础。本章将简要介绍以下内容：国家制图标准的一些基本规定、绘图工具及其使用、常用几何图形的作图方法和平面图形的画法等。

1.1 国家标准《技术制图》的基本规定

为了便于交流和管理，国家质量技术监督局颁布了《技术制图》和《机械制图》等一系列国家标准，其中《技术制图》国家标准是一种基础技术标准，在制图标准体系中处于最高层次。本节将介绍《技术制图》中的有关规定，如图纸幅面、比例、图线、字体和尺寸等。

1.1.1 图纸幅面和格式（GB/T 14689—1993）

1. 图纸幅面

为了便于图样的绘制、使用和保管，机件的图样均应画在具有一定格式和幅面的图纸上。在绘制图样时，优先采用表1-1中规定的幅面尺寸。必要时，也允许采用加长幅面，其尺寸是由基本幅面的短边成整数倍增加后得到的，如图1-1所示。图中粗实线为基本幅面。

表1-1 图纸幅面的尺寸　　　　　　　　　　　　　　　　　　　mm

幅面代号	A0	A1	A2	A3	A4
$B×L$	841×1 189	594×841	420×594	297×420	210×297
e	20	20	20	10	10
c	10	10	10	5	5
a	25				

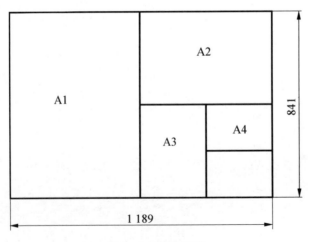

图1-1 图纸幅面

2. 图框格式

图纸无论是否装订,都必须在图纸上用粗实线画出线框。图框格式分为留装订边(见图1-2)和不留装订边(见图1-3)两种;但同一产品图样只能采用一种格式。无论哪种格式的图纸,其图框线均应采用粗实线绘制。装订时一般采用 A4 幅面竖装或 A3 幅面横装。

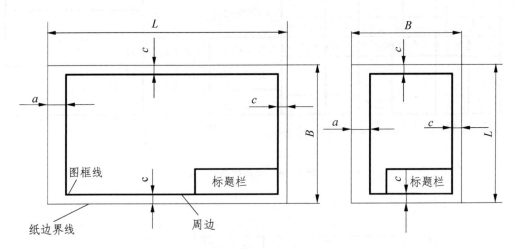

图 1-2 留装订边的图框格式

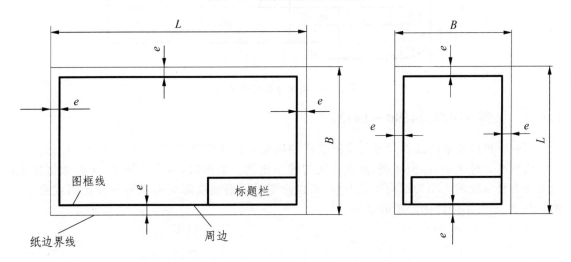

图 1-3 不留装订边的图框格式

3. 标题栏

标题栏表达了零部件及其管理等多方面信息。标题栏明细栏的格式和内容应符合 GB/T 14689—1993 的有关规定,如图1-4所示。标题栏在图样中一般置于图样的右下角。标题栏中的文字方向与看图方向一致。填写标题栏时,校名和图号用 10 号字,其余用 5 号字。本课程的制图作业中建议采用如图1-5所示的简化标题样式。

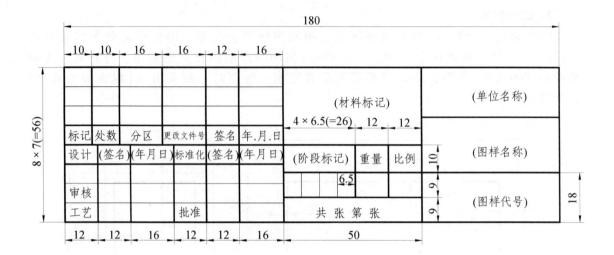

图1-4 标题栏格式

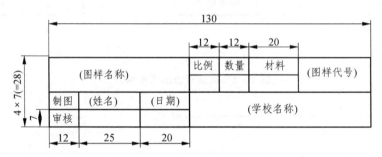

图1-5 简化标题栏的格式

1.1.2 比例(GB/T 14690—1993)

图样中机件要素的线性尺寸与实际机件相应要素的线性尺寸之比,称为图形的比例。

比例有3种类型:原值比例、放大比例与缩小比例。绘图时,尽量采用1∶1的原值比例;但因为各种实物的大小与结构千差万别,所以绘图时可根据实际需要选取放大比例或缩小比例。图1-6为不同比例绘图的效果。

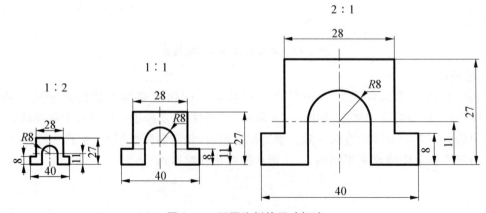

图1-6 不同比例的尺寸标注

国家标准规定了上述各种比例的比例系列。绘制图样时,优先在表 1-2 规定的第一系列中选取适当的比例;必要时,也允许选用第二系列中的比例。

表 1-2 常用的比例

种 类	第一系列			第二系列				
原值比例	1∶1			—				
放大比例	5∶1	2∶1		4∶1	2.5∶1			
	$5×10^n∶1$	$2×10^n∶1$	$1×10^n∶1$	$4×10^n∶1$	$2.5×10^n∶1$			
缩小比例	1∶2	1∶5	1∶10	1∶1.5	1∶2.5	1∶3	1∶4	1∶6
	$1∶2×10^n$	$1∶5×10^n$	$1∶1×10^n$	$1∶1.5×10^n$	$1∶2.5×10^n$	$1∶3×10^n$	$1∶4×10^n$	$1∶6×10^n$

注:n 为正整数。

绘图比例一般应在标题栏中的"比例"一栏内填写。图样无论放大或缩小,在标注时,都应按机件实际尺寸标注。

1.1.3 字 体

图样上除了绘制机件的图形以外,还要用文字来填写标题栏、技术要求,用数字来标注尺寸等,因此,文字和数字也是图样的重要组成部分。国家标准规定了图样上汉字、字母、数字的书写规范。

在图样上书写汉字、数字、字母时必须做到:字体工整、笔画清楚、间隔均匀、排列整齐。

1. 基本规定

① 字体的号数,即字体的高度 h,其公称尺寸系列为:20,14,10,7,5,3.5,2.5,1.8(单位:mm),如需写更大的字,则其字体高度应按 $\sqrt{2}$ 的比率递增。

② 汉字规定用长仿宋体书写,并采用国家正式公布的简化汉字。汉字的高度不应小于 3.5 mm,其字宽一般应为 $h/\sqrt{2}$。书写仿宋体要做到:横平竖直、结构匀称、注意起落、填满方格。

③ 字母和数字分 A 型和 B 型两种。A 型字体中的笔画宽度 $d=h/14$,B 型字体的笔画宽度 $d=h/10$,在同一张机械图样上,只允许选用一种类型的字体。

④ 字母与数字可写成直体与斜体两种形式。斜体字字头向右倾斜,与水平基准线成 75°,用于指数、分数、极限偏差、注脚等数字及字母,一般采用小一号的字体。

2. 字体示例

字体示例如表 1-3 所列。

表 1-3 字体示例

字 体		示 例
长仿宋体汉字	10号	字体工整 笔画清楚 间隔均匀 排列整齐
	5号	横平竖直 结构匀称 注意起落 填满方格
	7号	螺纹 齿轮 端子 接线 飞行 指导 设计 施工 组织 服装 公差 配合 弹簧 皮带

续表 1-3

字体		示例
拉丁字母	大写斜体	ABCDEFGHIJKLMNOPQRSTUVWXYZ
	小写斜体	abcdefghijklmnopqrstuvwxyz
阿拉伯数字	斜体	0123456789
	正体	0123456789
字体应用示例		10js5(±0.003) M24×2-7H R10 3% Ø14F8 G_8^3 480kPa m/kg $Ø10_0^{+0.022}$ $Ø25\frac{H6}{f5}$ 500r/min 380v l/mm $\sqrt{Ra\,12.5}$

1.1.4 图　线

国家标准对机械图样中常用的图线名称、型号、代号及一般应用都作了规定。在绘制图样时，应根据表达的需要，采用相应的线型。

1. 图线的线型及应用

国家标准 GB/T 4457.4《机械制图》规定了在机械图样中常用的 9 种图线，其名称、线型、宽度及应用示例如表 1-4 所列，应用示例如图 1-7 所示。

表 1-4 图线的基本线型及其应用

图线名称	图线线型	图线宽度	一般应用举例
粗实线	——————	d	可见轮廓线 可见棱边线
细实线	——————	约 $d/2$	尺寸线及尺寸界线 剖面线、过渡线 重合剖面 指引线和基准线
虚线	- - - - - -	约 $d/2$	不可见轮廓线
细点画线	— · — · —	约 $d/2$	轴线、中心线 对称中心线 分度圆线
粗点画线	— · — · —	d	有特殊要求的线或表面
粗虚线	- - - - - -	d	允许表面处注的表示线
双点画线	— ·· — ·· —	约 $d/2$	相邻辅助零件的轮廓线 极限位置的轮廓线
波浪线	～～～～	约 $d/2$	断裂处的波浪线 视图和剖视的分界线
双折线	—/\—/\—	约 $d/2$	断裂处的分界线 视图与剖视的分界线

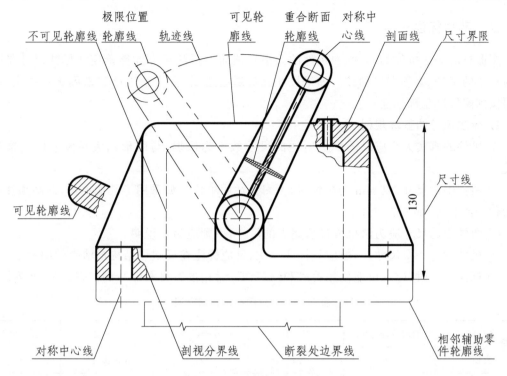

图 1-7 线型应用的示例

图线分为粗、细两种。粗线的宽度 d 应按图的大小和复杂程度来定,在下列系数中选择:0.13 mm,0.18 mm,0.25 mm,0.35 mm,0.5 mm,0.7 mm,1 mm,1.4 mm,2 mm。机械图样中优先采用 0.7 mm 和 0.5 mm;细线的宽度约为粗线宽度的 1/2。

2. 图线画法及其注意事项

① 同一图样中同类图线的宽度应一致。虚线、点画线及双点画线的线段长度和间隙应大致相等。

② 绘制圆的对称中心线时,圆心应为线段与线段的交点;点画线应超出圆的轮廓线外 2~5 mm,如图 1-8(a)和(b)所示。当所绘制的圆的直径较小,画点画线有困难时,中心线可用细实线代替,如图 1-8(c)所示。

③ 虚线、细点画线与其他图线相交时,都应交到线段处。当虚线处于粗实线的延长线上时,虚线与粗实线之间应留有间隙。

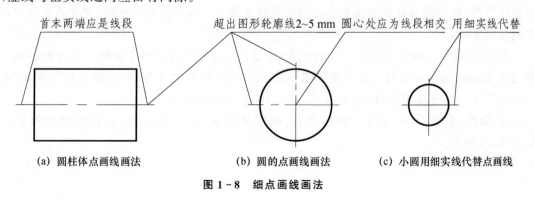

图 1-8 细点画线画法

1.1.5 尺寸标注

图形只能表达机件的形状,而机件的大小必须通过标注尺寸才能确定。标注尺寸是一项极为重要的工作,必须严谨细致。如果尺寸有疏漏或错误,就会给生产带来困难和损失,所以必须按国家标准正确标注。

1. 标注尺寸的基本规则

① 机件的真实大小应以图样上所注的尺寸数字为依据,与图形的大小及绘图的准确度无关。

② 图样中的尺寸,以 mm 为单位时,不需要注明单位。如采用了其他单位,则必须注明单位的代号或名称,如 60°,30 cm。

③ 图样中的尺寸应为该机件最后完工的尺寸,否则应另加说明。

④ 机件的每一个尺寸,一般应只标注一次,且应标注在反映该结构最清晰的图形上。

⑤ 标注尺寸时,应尽可能使用符号和缩写词。常用的符号和缩写词如表 1-5 所列。

表 1-5 常用的符号和缩写词

名 称	符号或缩写词	名 称	符号或缩写词	名 称	符号或缩写词
直径	Φ	厚度	t	沉孔或锪平	⊔
半径	R	正方形	□	埋头孔	∨
球半径	SR	45°倒角	C	均布	EQS
球直径	$S\Phi$	深度	▼	弧长	⌒

2. 尺寸的组成与标注

一个完整的尺寸一般应由尺寸界线、尺寸数字、尺寸线组成,三者称为尺寸的三要素,如图 1-9 所示。图样中,尺寸线终端可以有箭头、斜线两种形式,箭头多用于机械图样中,斜线多用于土建结构或徒手绘制的草图中。

① 尺寸界线用细实线绘制,并由图形的轮廓线、轴线或对称中心线引出;也可利用轮廓线、轴线或对称中心线作尺寸界线,并超出尺寸线的终端 3 mm 左右。

② 尺寸线也用细实线绘制。一端或两端带有终端符号(箭头或斜线)。尺寸线不能用其他图线代替,也不能与其他图线重合或画在其延长线上。标注线性尺寸时,尺寸线必须与所标注的线段平行。

③ 尺寸数字一般注写在尺寸线的上方,也允许注写在尺寸线的中断处。尺寸数字高度一般为 3.5 mm,其字头方向一般应按照图 1-10(a)所示的方向注写,并应避免在图中 30°范围内注写尺寸。当无法避免时,可按图 1-10(b)的形式引出标注。

④ 角度、直径、半径、球面、狭小部位、相同的组成要素、正方形、板状零件的尺寸标注如表 1-6 所列。

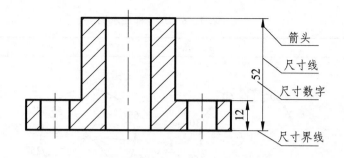

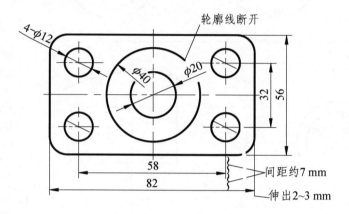

图 1-9 尺寸的组成

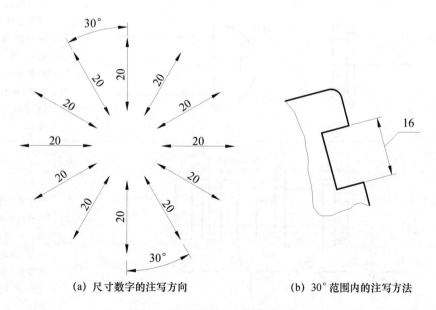

(a) 尺寸数字的注写方向　　(b) 30°范围内的注写方法

图 1-10 线性尺寸的注写方法

表 1-6 尺寸标注示例

分类	图例	说明
角度尺寸		尺寸数字一律水平书写，一般注写在尺寸线的中断处，必要时，也可写在上方或外面，还可引出标注。尺寸界线应沿径向引出，尺寸线应画成圆弧，圆心是角的顶点
直径、半径尺寸		图形中，大于半圆的圆弧（或圆）应注直径尺寸，而小于或等于半圆的圆弧应注半径尺寸。标注直径尺寸时，应在尺寸数字前加注符号 ϕ；标注半径尺寸时，应在尺寸前加注符号 R，并且应标注在投影为圆弧的视图上
球面尺寸		标注球面的直径或半径尺寸时，应在相应的符号前加注 S。对于螺钉、铆钉的头部，轴的端部以及手柄的端部等，在不致引起误解的情况下可省略符号 S
狭小部位的尺寸		当没有足够位置画箭头或注写数字时，其中有一个可布置在图形外面，或者两者都布置在外面；在地方不够的情况下，尺寸线的终端允许用圆点或斜线代替箭头

续表 1-6

分类	图 例	说 明
相同组成要素	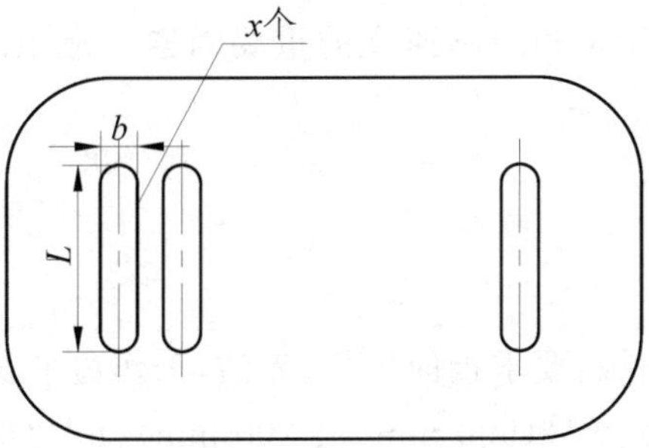	在同一图形中,对于尺寸相同的孔、槽等成组要素,仅在一个要素上注出尺寸和数量
	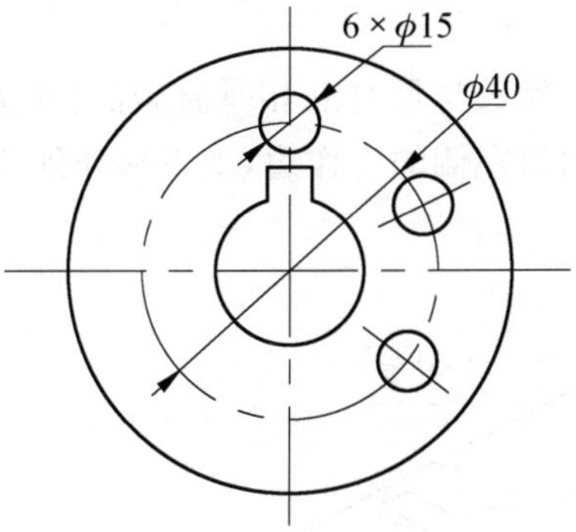	当成组要素的定位和分布情况在图中已明确时,可不标注其角度,并可省略 EQS
	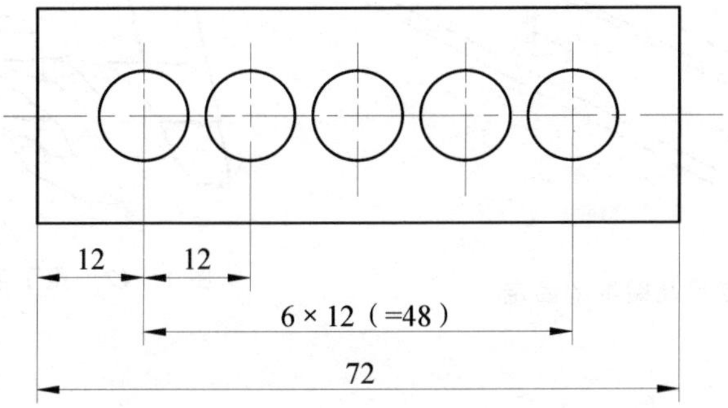	间隔相等的链式尺寸,可注出一个间距,其余用"间距数量×间距"形式注写
正方形	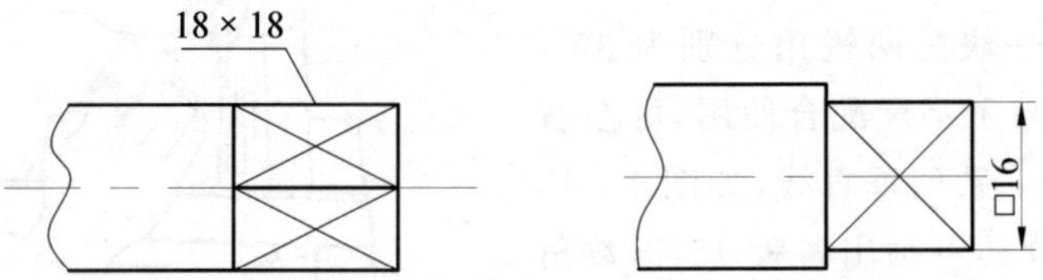	标注剖面为正方形结构的尺寸时,可在正方形边长尺寸前加注符号"□",或用 $B \times B$ 形式注出

1.2 绘图工具及其使用

正确使用绘图工具,是提高图面质量和绘图速度的重要因素。常用的绘图工具有:图板、丁字尺、三角板、圆规、分规等。

1.2.1 绘图工具

1. 图 板

图板是绘图时用来铺放图纸的垫板,要求板面平整、光洁,工作边平直,否则将会影响绘图的准确性。图板一般有3种不同规格:0号(900 mm×1 200 mm)、1号(600 mm×900 mm)和2号(400 mm×600 mm)。绘图时,用胶带纸将图纸固定在图板的适当位置,如图1-11所示。

2. 丁字尺

丁字尺由尺头和尺身两部分构成。尺头与尺身互相垂直,尺身带有刻度。丁字尺必须与图板配合使用,画图时,应使尺头紧靠图板左侧的工作边,上下移动到位后,自左向右画出一系列水平线,如图1-12所示。

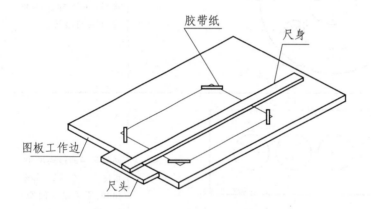

图1-11 图板、丁字尺及图纸的固定

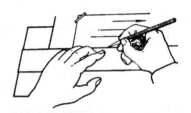

图1-12 用丁字尺画水平线

3. 三角板

三角板由两块板组成一副,其中一块是两锐角都等于45°的直角三角形,另一块是两锐角分别为30°、60°的直角三角形。三角板与丁字尺配合使用,可左右移动到位后,自下向上画出一系列垂直线,如图1-13所示。三角板与丁字尺配合还可画出各种15°倍数角的斜线,如图1-14所示。

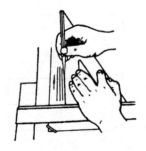

图1-13 用三角板和丁字尺画垂线

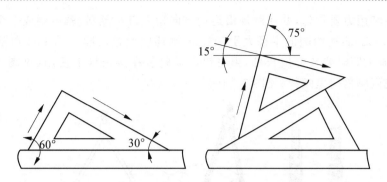

图1-14 用三角板和丁字尺配合画15°倍数角斜线

4. 比例尺

比例尺(见图1-15)供绘图时量取不同比例的尺寸用,又叫三棱尺。在它的3个棱面上有6种不同比例的刻度,供绘图时选用。

在使用比例尺时,要注意单位换算,例如:

把1:100当作1:1用时,尺上刻度1 m当作10 mm用,每格当1 mm用,这是因为尺上1 m是1:1时的1/100,即1 m×1/100=10 mm。同理,把1:200当作1:2用时,尺上刻度5 m处当作50 mm用,每格当2 mm用;把1:500当作2:1用时,尺上刻度10 m处当作10 mm用,每格当0.5 mm用。

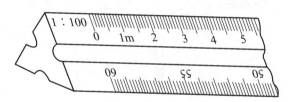

图1-15 比例尺

5. 圆 规

圆规是画圆或圆弧用的。它的一条腿上装有钢针,称为固定腿;另一条腿为活动腿,具有肘形关节,并可换装3种插脚和接长杆(见图1-16),装上铅芯插脚可画铅笔线的圆,装上鸭嘴插脚可画墨线圆,装上钢针插脚可以当分规用,装上接长杆可画直径较大的圆。

圆规固定腿上的钢针有两种不同的尖端,画圆时用有台肩支撑面的一端,当分规用时则换用锥形尖端。

圆规的铅芯也可磨削成约75°的斜面(见图1-17(a)),画圆前,首先要检查铅芯与针尖是否对准,并调整到使针尖比铅芯稍微长0.5~1 mm。

画圆时,先将圆规两腿分开到所需的半径尺寸;以右手拇指和食指捏住圆规头部手柄,顺时

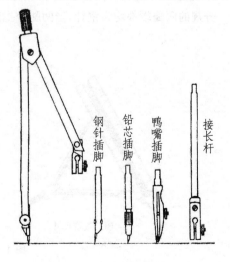

图1-16 圆规及其插脚

方向转动,速度和用力要均匀,并使圆规沿运动方向稍微自然倾斜,就可画成一个完整的圆(见图 1-17(b)、(c))。若所绘圆的半径大于50 mm,则还应调整两腿上的钢针和铅芯插脚,使之垂直于纸面。画大圆时要装上接长杆,再将铅芯插脚装在接长杆上使用(见图 1-18)。画小圆时,应使圆规两脚稍向里倾斜(见图 1-19)。

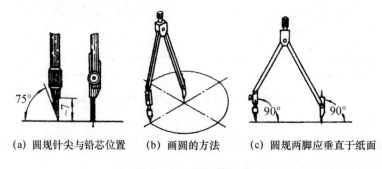

(a) 圆规针尖与铅芯位置　　(b) 画圆的方法　　(c) 圆规两脚应垂直于纸面

图 1-17　圆规的用法

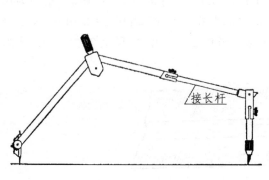

图 1-18　大圆画法

图 1-19　小圆画法

6. 分　规

分规是用来量取线段的长度和等分线段的工具。

分规的两腿端部均为钢针,当两腿合拢时,两针尖应对齐。分规的使用方法如图 1-20 所示。

(a) 量取尺寸　　　　　　　　(b) 等分线段

图 1-20　分规的用法

1.2.2 绘图用品

绘图时还要备好图纸、胶带纸、绘图铅笔、橡皮、磨铅笔芯的砂纸板、清洁图纸的软毛刷等。

绘图纸要求纸面洁白,质地坚实,不易起毛和上墨不渗水。绘图时,应将绘图纸固定在图板的适当位置,使图板下方能放得下丁字尺,并用丁字尺测试绘图纸的水平边是否已放正,如图1-21所示。

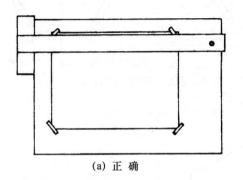
(a) 正确

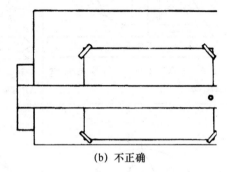
(b) 不正确

图 1-21 绘图纸的固定

绘图铅笔的铅芯有软硬之分,用标号 B 或 H 来表示,B 愈多表示铅芯愈软而黑,H 愈多则铅芯愈硬而淡。

绘图时常用 H 或 2H 的铅笔打底稿,用 HB 的铅笔写字和徒手画图,而加深描粗线可用铅芯硬度为 B 或 HB 的铅笔。

削铅笔应从没有标号的一端开始,以便保留标号,供使用时识别。削铅笔时先将木杆削去约 30 mm,铅芯露出约 8 mm 为宜。铅芯可在砂纸上磨成圆锥形或四棱柱形,前者用于画底稿、加深细线及写字,后者用于描粗线。

1.3 常用几何图形的画法

机械零件轮廓形状是由各种基本的几何图形所组成的,利用常用的绘图工具进行几何作图,是绘制工程机械图样重要的基础。下面介绍一些常用的几何作图方法。

1.3.1 正多边形的画法

正多边形的画法如表 1-7 所列。

表1-7 正多边形的画法

内容	作图步骤		
用三角板作正六边形	过 A,D 点,用 60°三角板画斜边 AB,DE	翻转三角板,过 A,D 两点画斜边 AF,DC	用丁字尺连接两水平边 BC,FE,即得内接正六边形
用圆规作正三、六、十二边形	以端点 B 为圆心,以外接圆的半径为半径画弧,与圆交两顶点 E,F,然后依次连接,得内接正三边形	分别以端点 B,D 为圆心,以外接圆的半径为半径画弧,得六边形的另 4 个顶点 E,F,G,H,然后依次连接,得内接正六边形	在正六边形的基础上,改变半径 R 的圆心位置,即可作出正十二边形
用圆规作正五边形	等分半径 OB,得点 P	以 P 为圆心,PD 为半径画圆弧交 OA 于 N 点,直线段 DN 的长度即为内接正五边形的边长	以 D 为圆心,DN 为半径,在圆周上截取 1,2,3,4 四点,连接 D,1,4,3,2,即得内接正五边形

1.3.2 斜度和锥度

1. 斜 度

斜度是指棱体高度之差与平行于棱并垂直一个棱面的两个截面之间的距离之比（见图 1-22），代号为 S。如最大棱体高 H 与最小棱体高 h 之差与棱体长度 L 之比，用关系式表示为

$$S = \tan \alpha = (H-h)/L$$

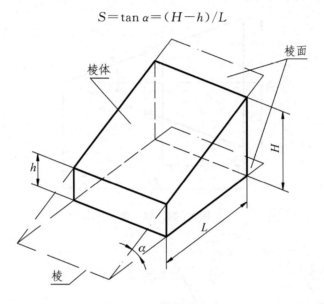

图 1-22 斜度的概念

通常在图样上将比例化成 1∶n 的形式加以标注，在前面加上斜度符号∠，且符号斜线的方向与斜度方向一致。

作图步骤如 1-23 所示。

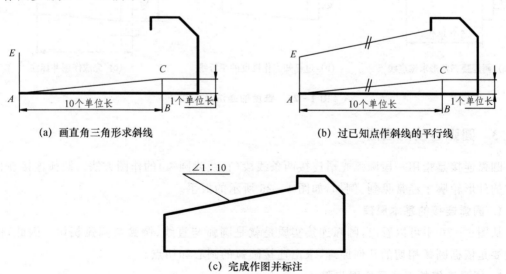

图 1-23 斜度的画法及标注

2. 锥度

锥度是指圆锥的底圆直径与高度之比。如果是锥台,则是底圆直径和顶圆直径的差与高度之比(见图1-24),即锥度$=D/L=(D-d)/l=2\tan\alpha$,代号为C。

通常,锥度也写成$1:n$的形式而加以标注,并在$1:n$前面写明锥度符号◁,锥度符号的方向应与图中锥度的方向一致。锥度的作法及标注,如图1-25所示。

作图步骤如图1-25所示。

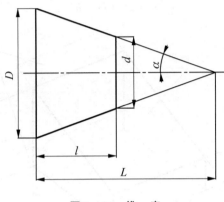

图1-24 锥 度

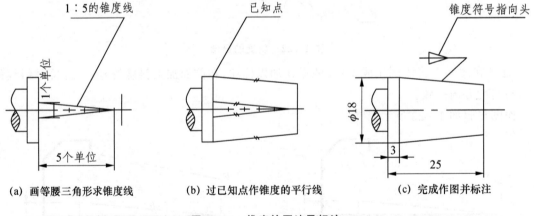

(a) 画等腰三角形求锥度线　　(b) 过已知点作锥度的平行线　　(c) 完成作图并标注

图1-25 锥度的画法及标注

1.3.3 圆弧连接的画法

圆弧连接是指用一段圆弧光滑连接两条线段(直线或圆弧)的作图方法。圆弧连接在机械零件的外形轮廓中经常见到,例如,如图1-26所示的扳手。

1. 圆弧连接的基本原理

从图1-26中可以看出,圆弧连接实质是就是圆弧与直线、圆弧与圆弧相切。因此,作图时主要是依据圆弧相切的几何原理,求出连接圆弧的圆心和切点。

2. 圆弧连接的形式及作图步骤

圆弧连接的形式及作图步骤如表1-8所列。

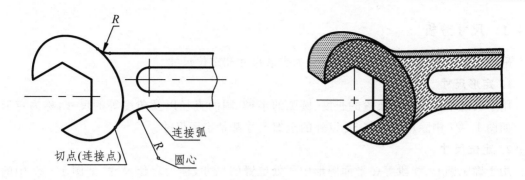

图 1-26 圆弧连接示例

表 1-8 圆弧连接的形式及作图步骤

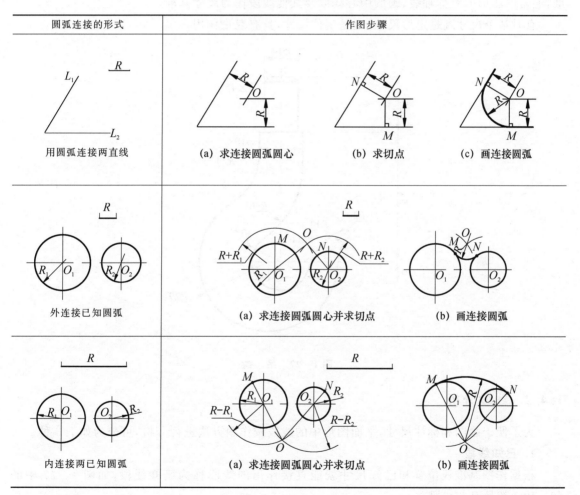

1.4 平面图形的画法

画平面图形前先要对图形进行尺寸分析和线段性质分析,才能正确画出图形和标注尺寸。

1.4.1 尺寸分析

平面图形中尺寸按其作用不同可分为定形尺寸和定位尺寸。

1. 定形尺寸

用来确定平面图形中线段的长度、圆弧的半径、圆的直径以及角度等的尺寸，称为定形尺寸。如图 1-27 中除尺寸 5,9,54 以外的全部尺寸都是定形尺寸。

2. 定位尺寸

用于确定圆心、线段等在平面图形中所处位置的尺寸，称为定位尺寸，如图 1-27 中的尺寸 5,9,54。

定位尺寸应以尺寸基准作为标注尺寸的起点。一个平面图形应有两个坐标方向的尺寸基准，通常以图形的对称轴线、圆的中心线以及其他线段作为尺寸基准。

有时某个尺寸既是定形尺寸，也是定位尺寸，具有双重作用。

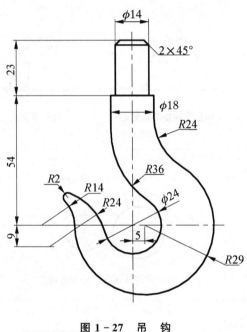

图 1-27 吊 钩

1.4.2 线段分析

为了便于画图和标注尺寸，平面图形中的线段按作图方法进行分析，可分为如下 3 种。

1. 已知线段

根据作图基准线位置和已知尺寸就能直接作出的线段称为已知线段，如图 1-27 中的 $\phi 24$,$R29$ 都是已知线段。

2. 中间线段

尺寸不全，但只要一端的相邻线段先作出后，就可由已知的尺寸和几何条件作出的线段，称为中间线段。如图 1-27 中的 $R24$ 是中间线段，从图中可以看出，中间圆弧除注有半径尺寸外，一般还注有确定圆心位置的一个定位尺寸。

3. 连接线段

尺寸不全,需要依赖相邻线段的连接关系,待两端相邻线段先作出后,才能作出的线段称为连接线段。如图 1-27 中的 $R2,R24,R36$ 都是连接线段。连接线段为圆弧时,一般只注半径尺寸而无圆心定位尺寸。若连接线段为圆弧的切线,则不注尺寸。

在画平面图形时,先要进行线段性质分析,以便决定画图步骤和选用连接方法。一般应先画已知线段,再画中间线段,最后画连接线段。

在标注尺寸时,也要由线段性质正确标出所需尺寸。例如,连接圆弧圆心的两个定位尺寸和中间圆弧的一个定位尺寸是根据相切的几何条件由作图确定的,不需要标注。平面图形中,凡是由作图确定的尺寸均不需在图中注出,以免引起尺寸矛盾而影响图形正确的画法。

1.4.3 绘图方法和步骤

为了提高绘图质量和绘图速度,除了要熟悉制图标准、掌握几何图形的作图方法外,还应按一定的步骤进行绘图,使绘图工作有条不紊地进行。

1. 准备工作

(1) 绘图工具的准备

将铅笔按绘制要求削好,圆规的铅芯按要求磨好,图板、丁字尺、三角板等工具擦拭干净,将需要的用具放在取用方便之处。

(2) 选择比例和图纸幅面

根据所画图纸大小及复杂程度选取比例,确定图纸幅面。

(3) 固定图纸

将选用的图纸用胶带纸固定在图板上,固定时应使图纸的边与丁字尺的边平行,并使图纸下边与图板下边有一定距离(见图 1-11)。

2. 画底稿

选用较硬的 H 或 2H 型铅笔轻轻地画出底稿。画底稿的一般步骤如下:

① 画图框及标题栏。

② 布置图形。按图的大小及标注尺寸所需的位置,将各图形布置在图框中适当的位置。

③ 绘制底稿。画图时,应按一定步骤进行,先画基准线、对称中心线、轴线等,再画图形的主要轮廓线,最后画细节部分。

3. 加　深

底稿完成后,要进行细致的检查,将不需要的作图线擦去,如果没有错误,即按如下步骤进行加深。

① 先粗后细。先加深粗实线,再加深细虚线、细点画线和细实线等。

② 先曲后直。在加深同一种线(特别是粗实线)时,应先画出圆弧或圆,再画直线。

③ 先水平、后垂斜。先画水平方向的线段,再画垂直方向的线段,最后画倾斜的线段。

④ 画箭头,标注尺寸。

4. 检　查

加深完毕后应仔细检查,如没有错误,则最后在标题栏中签上名字并填写日期。

下面以吊钩为例(见图 1-28)说明作图一般步骤。

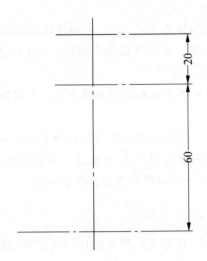

(a) 定出图形的基准线

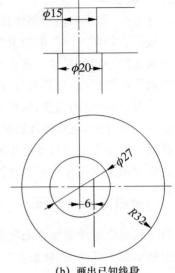

(b) 画出已知线段

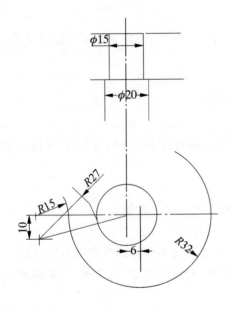

(c) 画出中间线段

$R_1=13+5$ $R_3=32+28$
$R_2=27-2$ $R_4=\dfrac{27}{2}+40$

(d) 画出连接线段

图 1-28 吊钩的作图步骤

第 2 章 正投影的基本知识

2.1 投影法的基本知识

2.1.1 投影法及其分类

1. 投影法

在日光或灯光的照射下,在地面或者墙壁上就会出现物体的影子,这是生活中的投影现象。投影法就是对这一现象的总结和抽象,从而形成投影的方法。

投影现象抽象化,如图 2-1 所示,设投影中心为 S,经过空间点 A 与投影面 P 相交于一点 a,点 a 就称为 A 在投影面 P 上的投影。同样,b,c 是 B,C 的投影。由此可知,点的投影还是点,线的投影是线。如果将 A,B,C 连接为一个物体的平面三角形,投影后为 a,b,c,则连接为 $\triangle abc$。上述在投射线通过物体,向选定的投影面进行投射,在该投影面上得到图形的方法叫做投影法。

2. 投影法的分类

根据投影中心、物体及投影面之间的关系将投影法分为中心投影法和平行投影法两类。

(1) 中心投影法

投影线汇交于一点的投影法,称为中心投影法。用这种方法所得到的投影称为中心投影。在得到中心投影的过程中,投影线互相不平行,所得的投影比物体轮廓大,如图 2-2 所示,可见中心投影不能得到物体真实大小的图形。

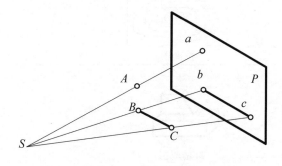

图 2-1 投影法概念

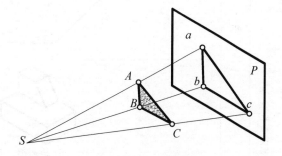

图 2-2 中心投影法

(2) 平行投影法

假想将投影中心移到离投影面无限远处,投射到投影面的投影线可以看作是互相平行的。在平行投影线的投射下产生投影的方法称为平行投影法。根据投影线与投影面的角度不同,可分为斜投影法和正投影法两种,如图 2-3 所示。当投影线互相平行,但与投影面不垂直时,在投影面上得到的投影称为斜投影。这种投影法称为斜投影法。当投影线互相平行,并与投影面垂直时,则在投影面上得到的投影称为正投影。这种投影法称为正投影法。正投影法能够反映和表达物体的真实大小,且绘图简便,在工程实际中得到广泛的应用。这种投影法是绘制机械图样的基本原理和方法。

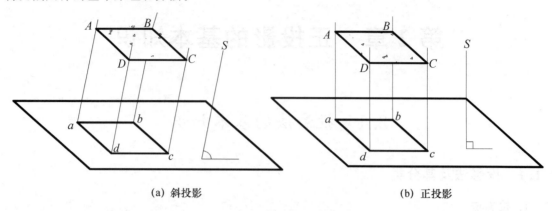

(a) 斜投影　　　　　　　　　　(b) 正投影

图 2-3　斜投影与正投影

正投影图能完整、真实地表达形体的形状和大小。这也是要学习本课程的主要内容。几种常见的投影法和图示法如表 2-1 所列。

表 2-1　几种常见的投影法和图示法

项目		图　示
中心投影法	透视图	
平行投影法	单面	
	多面	(a) 第一角投影法　　(b) 第三角投影法

| | | 正轴测图　　　　斜轴测图 |

24

2.1.2 正投影的基本特性

组成空间物体的基本几何元素有点、线和面,空间点的投影为一个点。直观分析线、面的各种情况的投影,可归纳总结出正投影的投影特性,如表2-2所列。

1. 真实性

平面形(或直线段)平行于投影面时,其正投影反映实形(或实长)。这种投影性质称为真实性。

2. 积聚性

平面形(或直线段)垂直于投影面时,其正投影积聚为线段(或一点)。这种投影性质称为积聚性。

3. 类似性

平面形(或直线段)倾斜于投影面时,其正投影变小(或变短),但投影形状和原来形状相类似。这种投影性质称为类似性。

表 2-2 正投影的基本特性

项目	相对于投影面的位置		
	平行	垂直	倾斜
直线	投影反映实长	投影积聚成一点	投影变短
平面	投影反映实形	投影积聚成直线	投影变成类似形
特性	真实性	积聚性	类似性

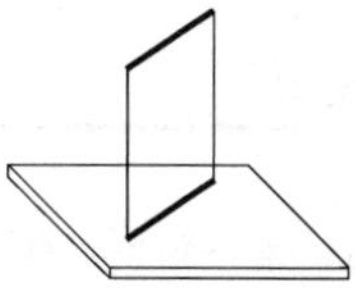

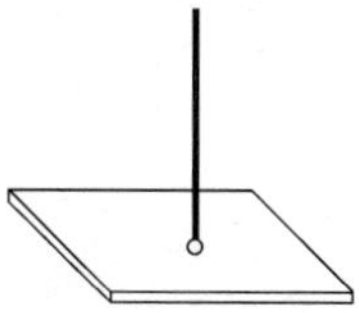

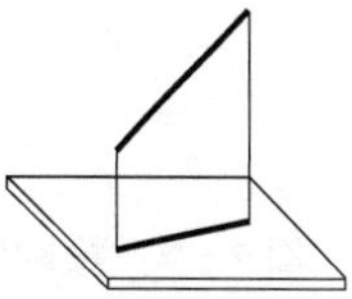

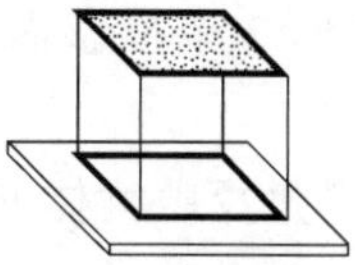

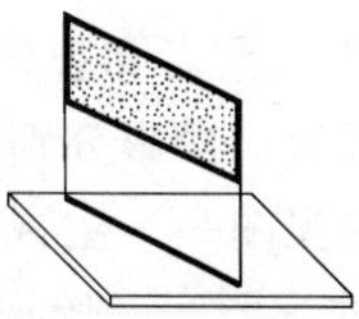

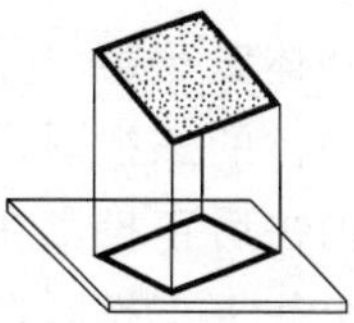

2.2 物体的三视图

2.2.1 空间投影体系的建立

正投影图能真实地表达物体的形状和结构。将人的视线模拟为正投影线,把物体的轮廓形状向选定的投影面进行投影,得到投影图形,这种用正投影法在投影面上得到的物体图形称为视图。但在用正投影法来表达物体时,很容易发现,不同的物体在一个方向上却可能出现一样的投影图形,从 3 个方向对物体进行投影,就能完整地表达出物体的形状。选定 3 个投影面为相互垂直的投影面,称为空间投影体系;如图 2-4 所示,把空间分为 8 个分角。把形体放在第一个分角进行投影,称为第一角投影法或第一角画法,如图 2-5 所示,分别为:正立投影面,用 V 表示;水平投影面,用 H 表示;侧立投影面,用 W 表示。

3 个投影面两两相交,得到 3 条坐标轴,分别为:V 面与 H 面相交形成 X 轴;H 面与 W 面相交形成 Y 轴;V 面与 W 面相交形成 Z 轴。

3 个投影面与 3 条坐标轴汇聚到一点,叫坐标原点,用 O 表示。

以 O 点为基准,沿 X 轴方向度量长度尺寸并确定左、右位置;沿 Y 轴方向度量宽度尺寸并确定前、后位置;沿 Z 轴方向度量高度尺寸并确定上、下位置。

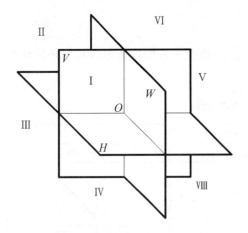

图 2-4 投影体系的 8 个分角

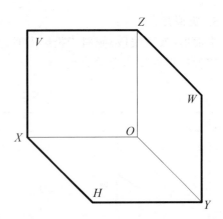

图 2-5 第一角投影体系

2.2.2 三视图的形成

将物体置于第一分角内,使其处于观察者和投影面之间,分别向 3 个投影面进行正投影,即得到物体的三视图,如图 2-6(a)所示。投影分别如下:

由前往后正投影在 V 面上得到的视图——主视图,主视图应尽量反映物体的主要特征;

由上往下正投影在 H 面上得到的视图——俯视图;

由左往右正投影在 W 面上得到的视图——左视图。

按照国家标准,视图中可见轮廓线用粗实线表示;不可见轮廓线用虚线表示;对称结构的对称中心线及回转结构的轴线用细点画线表示。

为了把空间的 3 个视图绘制在一个平面上,必须把 3 个投影面展开(摊平),展开方法如图 2-6(b)所示。H 面绕 X 轴往下旋转 90°展开。俯视图在主视图的正下方,随 H 面旋转的 OY 轴用 OY_H 表示;W 面绕 Z 轴往右旋转 90°展开,左视图在主视图的正右方,随 W 面旋转的 OY 轴用 OY_W 表示。由于投影面的边框是假想的,不必绘出,这样就得到物体的三视图,如图 2-6(c)所示。

以主视图为主,俯视图放在主视图的正下方,左视图放在主视图的正右边。画 3 个视图的时候,必须按照上述要求来摆放其位置关系,并且 3 个视图要对齐、对正,不能发生错位及倒置等问题,不需标注视图的名称,如图 2-6(d)所示。

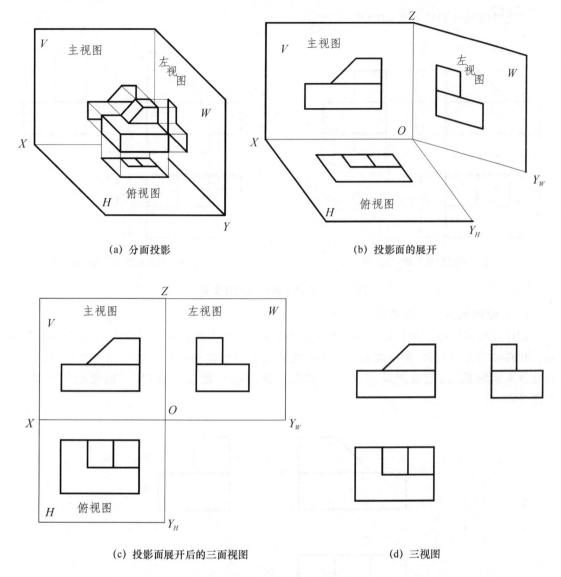

图 2-6 物体的三视图形成

2.2.3 三视图的对应关系

1. 三视图的尺寸对应关系

任何一个确定的物体都有确定的长、宽、高 3 个方向的尺寸,为了统一规范,人们把物体的摆放位置选定后,沿 X 轴方向的尺寸称为长度,Y 轴方向的尺寸称为宽度,而 Z 轴方向的尺寸称为高度。从三视图的形成过程不难看出,每一个视图都能反映物体的两个方向的尺寸,即主视图反映长度和高度;俯视图反映长度和宽度;左视图反映宽度和高度。相邻的两个视图之间有一个尺寸相等,具体如下:

主、俯视图等长,即主、俯视图长对正;
主、左视图等高,即主、左视图高平齐;
俯、左视图等宽,即俯、左视图宽相等。

三视图的尺寸对应关系如图 2-7 所示。

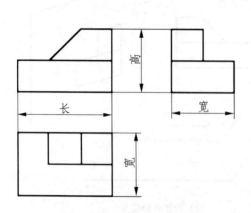
(a) 三视图的总体长、宽、高

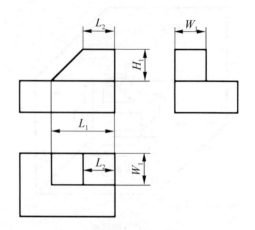
(b) 物体结构相应部分的长、宽、高

图 2-7 三视图的尺寸对应关系

2. 三视图的方位对应关系

物体在经过空间三面投影后,主视图和俯视图能反映出物体的左右位置;主视图和左视图能反映物体的上下位置;俯视图和左视图则能够反映出物体的前后位置。经过水平投影面和侧立投影面的翻转,俯视图及左视图中靠近主视图的一面是后面,另一面是物体的前面,如图 2-8 所示。

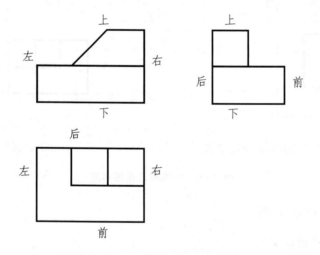

图 2-8 三视图的方位对应关系

三视图的尺寸及方位对应关系互相紧密关联,在绘制三视图的过程中要反复分析,正确使用。其中,由俯视图和左视图所反映的前后位置及它们之间的宽度尺寸最容易出错,在学习过程中,应主要抓住旋转水平、侧立投影面及三视图的展开特点,多总结并加强练习以牢固掌握。

2.3 点的投影

点是组成物体最基本的几何元素。为了更扎实地掌握正投影的空间投影理论,点的投影规律是必须要掌握的基础知识。

2.3.1 空间点的位置和直角坐标

在平面数学的研究和分析中,常把平面点的位置用其直角坐标来表示,一般表示为 $A(x,y)$,其中,x 表示点 A 的左右位置,y 坐标则表示点 A 的上下位置。空间点的位置用坐标来表示其位置时,有 3 个坐标,分别表示出点的上下、左右和前后,书写为 $A(x,y,z)$,如 $A(20,30,15)$。其中,x,y,z(或相应的数字)均表示该点到相应的坐标面的距离值。将三面投影体系当成直角坐标系,各个投影面就是坐标面,各投影轴就是坐标轴,点到投影面的距离就是相应的坐标值,如图 2-9 所示。

点的一个投影只能反映点到两个投影面的距离(坐标值),不能反映出点到第三个投影面的距离,点的一个面的投影不能确定点在空间的位置。

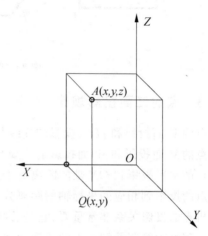

图 2-9 点的位置及直角坐标

2.3.2 点的三面投影图

在第一角的一个点 A,过点 A 分别向 3 个投影面作垂线,得到 3 个垂足分别为 a,a',a'',即为 A 点在 3 个投影面上的投影,如图 2-10 所示。一般把空间的点记作大写的字母 A,B,C 等,在 H,V,W 面上的投影分别用小写的字母,分别加上一撇或两撇作为区分。将点的三面投影按照与三视图同样的方法展开点的三面投影到一个平面上,为了清楚地表达点的三面投影关系,一般将点的三面投影用细实线连接起来(侧面投影与水平投影不方便直接连起来,则用斜角线或圆弧连接),这些线叫做投影连线。投影连线有利于在初学画法几何知识时帮助读者思考。

点 A 在 H 面上的投影 a 称为点 A 的水平投影,它反映点 A 到 V,W 面的距离。

点 A 在 V 面上的投影 a' 称为点 A 的正面投影,它反映点 A 到 H,W 面的距离。

点 A 在 W 面上的投影 a'' 称为点 A 的侧面投影,它反映点 A 到 V,H 面的距离。

由此可知,在空间投影体系里的定位置点,它的三面投影唯一确定;反之,如果知道点的三面投影即知道点到 3 个面的距离(3 个坐标值),点的空间位置唯一确定。

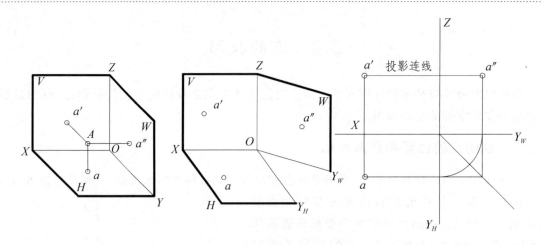

图 2-10 点的三面投影的形成

2.3.3 点的三面投影规律

点的 V 面投影和 H 面投影的连线与 OX 轴垂直(即 $aa' \perp OX$)。

点的 V 面投影和 W 面投影的连线与 OZ 轴垂直(即 $a'a'' \perp OZ$)。

点的水平投影到 OX 轴的距离等于点的侧面投影到 OZ 的距离,如图 2-10 所示。

点的投影到相应的坐标轴的距离分别等于点到 3 个投影面的距离,且两两相等。读者自行分析点的投影关系非常重要,它是后续制图学习的基础,点是最基本的几何要素,点的投影规律的理解为绘制及解读点的投影图找到依据,同时可为其他几何要素,如线、面的投影及复杂物体视图分析所应用。

2.3.4 各种位置点的投影

点在空间投影体系里的位置分为一般位置点、投影面上的点、坐标轴上的点及原点几种,各种位置点的投影各有特征。表 2-3 为点的几种位置的投影情况。

表 2-3 各种位置点的投影图例

位置	图 例		投影图特征
在空间			点的 3 个坐标值均不为零;点的 3 个投影都在相应的投影面上(不可能在轴及原点上)

续表 2-3

位 置	图 例	投影图特征
在投影面上	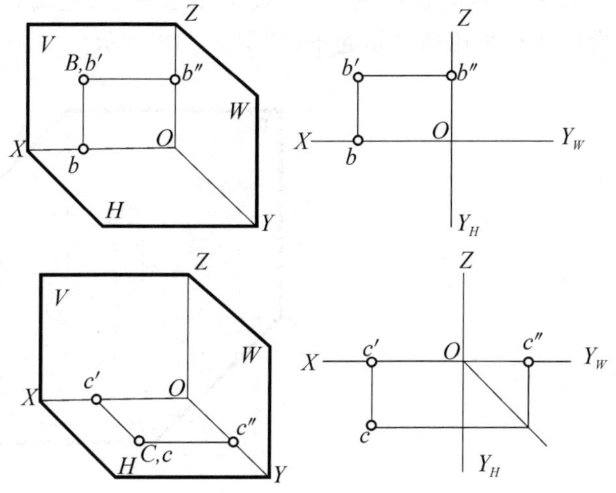	点的一个坐标值为零； 点的一个投影在点所在的投影面上，与空间点重合； 另两个投影在投影轴上
在投影轴上	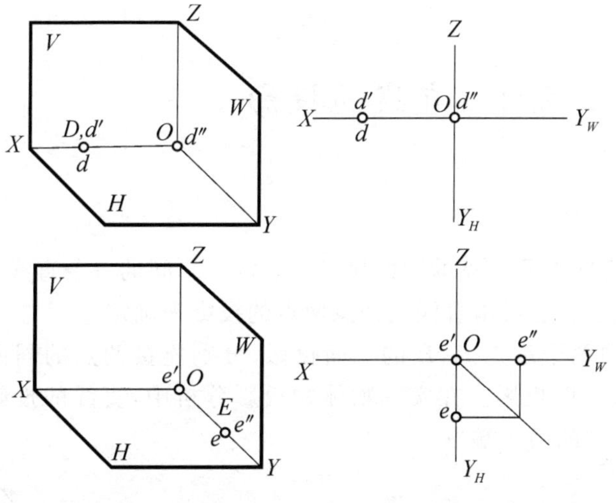	点的两个坐标值为零； 点的两个投影在投影轴上，与空间点重合；另一个投影与原点重合
	在原点上的点，3个坐标值都为零；点的3个投影与空间点都重合在原点上	

2.3.5 空间两点的位置关系

空间点的上下位置可以在点的正面投影及侧面投影中反映出来，所以空间两点的上下关系可以从两点的正面（或侧面）投影的上下关系来判定，同样也可由两点的 Z 坐标来判定。

如图 2-11 所示，已知 A、B 两点的正面投影，由于 a' 在 b' 的上方，即 A 点的 Z 坐标大于 B 点，因此可知 A 点在 B 点的上方。同理可推出，A 点在 B 点的前方，A 点在 B 点的左方。

由此，已知两点的三面投影来判断它们的空间位置，可以根据正面、侧面投影判断两点的上下位置；根据水平、侧面投影判断两点的前后位置；根据正面、水平投影判断两点的左右位置。

当空间的两点处于垂直于某一投影面的同一投射线上时，两点在该面的投影重合，则两点称为重影点。如图 2-12 所示为 3 组在 3 个投影面上的重影点。显然，重影点必须有两对同名坐标相等，而另一坐标不等。在分析重影点时，由于两点的投影重合，因此，为了表达方便，表示出重影点的"可见性"，根据第一角视图投影关系，一般按照上遮下、左遮右、前遮后的原则，将在投影面上不可见的该投影面投影用括号括起来，如图 2-12 所示。

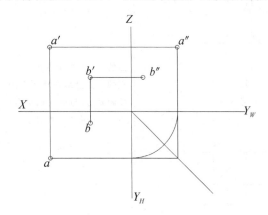

图 2-11 两点的相对位置

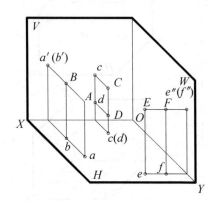

图 2-12 重影点及其投影的可见性

2.4 直线的投影

2.4.1 直线的三面投影

直线的三面投影可以由直线上两个点的同面投影来确定。空间的一条直线可由直线上的任意两点来确定，因而直线的投影也可由直线上任意两点的投影来确定。

如图 2-13 所示为线段的两个端点 A,B 的三面投影，分别连接两点的同面投影得到的 $ab,a'b',a''b''$ 就是直线 AB 的三面投影。在实际物体的投影分析中，直线的投影转化为直线段，直线段的三面投影取决于它的两个端点。

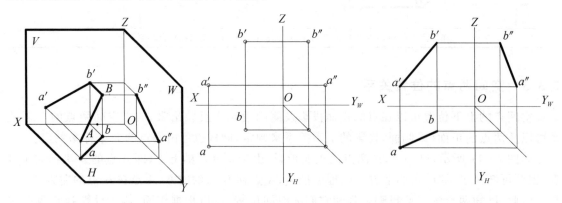

图 2-13 直线的三面投影

2.4.2 直线上的点

直线上的点，其投影仍属于直线。

直线上的点的投影特性有从属性和定比性。

1. 从属性

若点 $C \in AB$（$\in$ 为属于符号），则必有 $c \in ab, c' \in a'b', c'' \in a''b''$。如果点的三面投影中有一面的投影不属于直线的同面投影，则该点必不属于该直线。

如图 2-14 所示为已知 AB 的三面投影和直线上的点 C 的侧立投影 c''，求作点 C 的其余两面投影的作图过程。

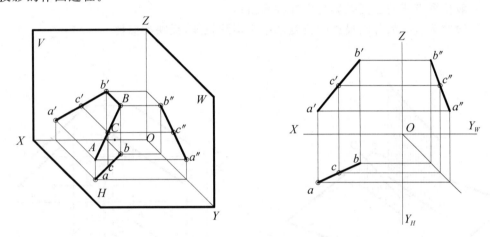

图 2-14　直线上点的三面投影特性

2. 定比性

若直线上的点分直线为两线段，则两线段的长度之比等于各投影点分直线段投影长度之比，这种特性称为点分直线段的定比性。

【例题1】　如图 2-15(a) 所示已知侧平线 AB 的两面投影及直线上一点 K 的正面投影 k'，求其水平投影 k。

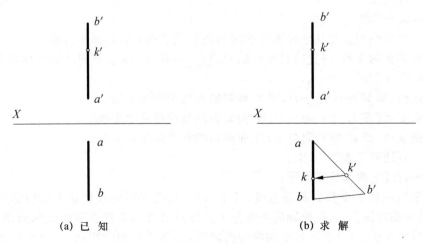

(a) 已　知　　　　　　　　　　　(b) 求　解

图 2-15　用定比性作线上点的投影

解:应用定比性作图,如图 2-15(b)所示。
① 过点 a 取任意角度作一直线,使 $ab_1 = a'b'$,$ak_1 = a'k'$;
② 连接 b_1b,过 k_1 作 b_1b 的平行线,交 ab 于 k,则 k 点为所求。

从属性和定比性是点在直线上的必要条件,可以用来判断点是否在直线上。

2.4.3 各种位置直线的投影

1. 一般位置直线

3 个投影面都倾斜的直线,称为一般位置直线。如图 2-16 所示即为一般位置直线的三面投影,其投影特性如下:
① 一般位置直线的三面投影与坐标轴倾斜;
② 一般位置直线的各面投影的长度都小于实际长度,反映类似性。

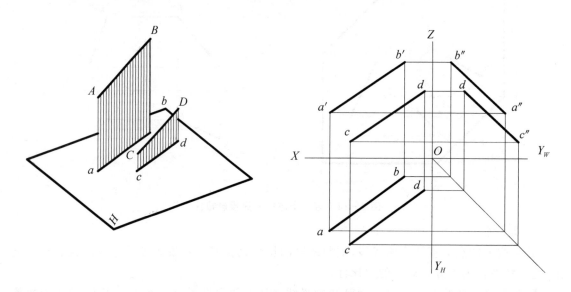

图 2-16 平行两条直线的投影

2. 特殊位置直线

(1) 投影面平行线

平行于一个投影面且和其他投影面都倾斜的直线统称为投影面平行线。

直线与投影面的夹角,叫直线对投影面的倾角,一般用 α,β,γ 分别表示直线对 H,V,W 面的倾角,如表 2-4 所列。

平行于正面(即 V 面),而与 H,W 面倾斜的直线叫做正平线。
平行于水平面(即 H 面),而与 V,W 面倾斜的直线叫做水平线。
平行于侧立面(即 W 面),而与 V,H 面倾斜的直线叫做侧平线。
投影面平行线列于表 2-4 中。
投影面平行线的投影特征如下:
投影面平行线的 3 个投影都是直线,其中,在与直线平行的投影面上的投影反映线段实长,而且与投影轴线倾斜,与投影轴的夹角等于直线对另外两个投影面的实际倾角;另外两个投影都短于线段实长,且分别平行于相应的投影轴,其到投影轴的距离,反映空间线段到线段实长投影所在投影面的真实距离。

表 2-4 投影面平行线的投影

水平线 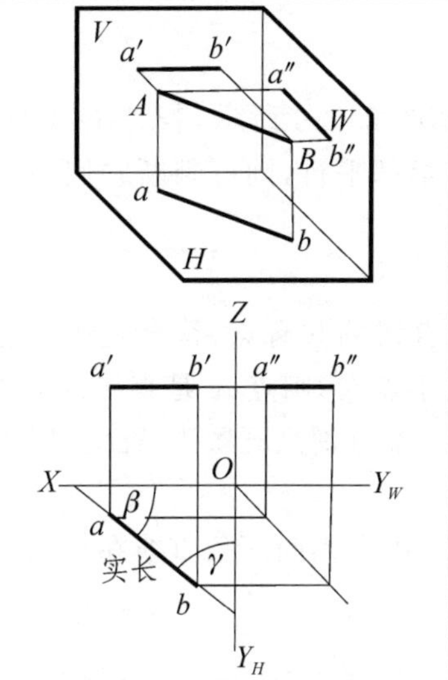	正平线 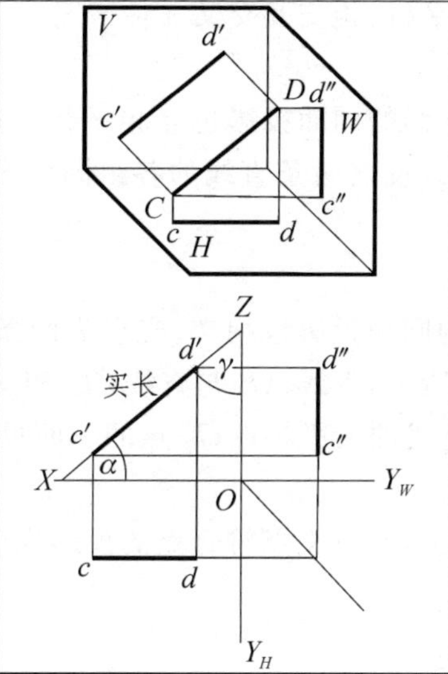	侧平线 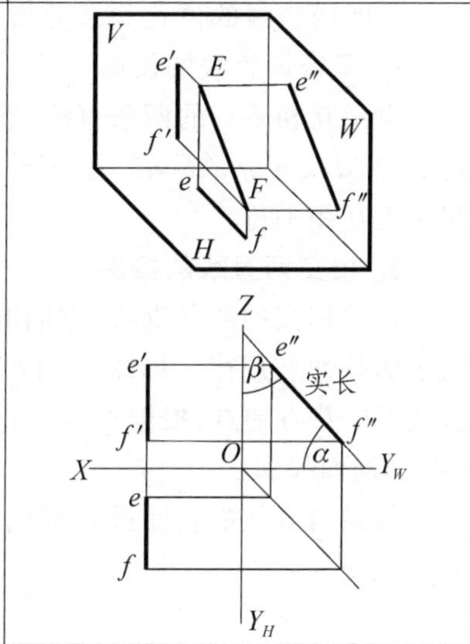

(2) 投影面垂直线

垂直于一个投影面的直线，统称为投影面垂直线。

投影面垂直线是直线的各种位置中投影最为特殊和简单的一种情况。垂直于正面（即 V 面）的直线，称为正垂线；垂直于水平面（即 H 面）的直线，称为铅垂线；垂直于侧立面（即 W 面）的直线，称为侧垂线。各种投影面垂直线及三面投影特性列于表 2-5 中。在分析物体的三面投影过程中，投影面平行线及投影面垂直线的投影特性显得尤为重要，必须熟练地分析掌握。

表 2-5 投影面垂直线的投影特性

铅垂线 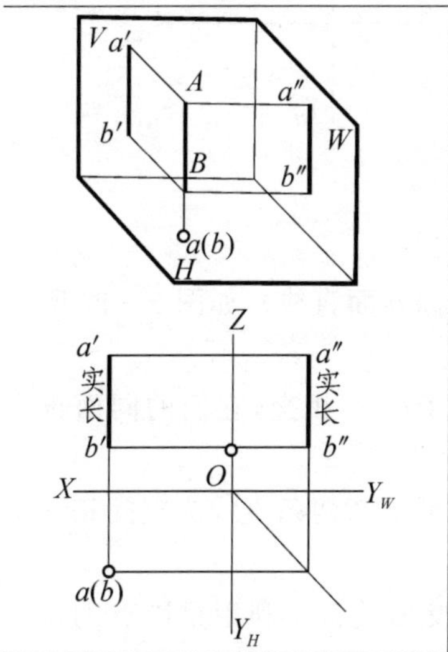	正垂线 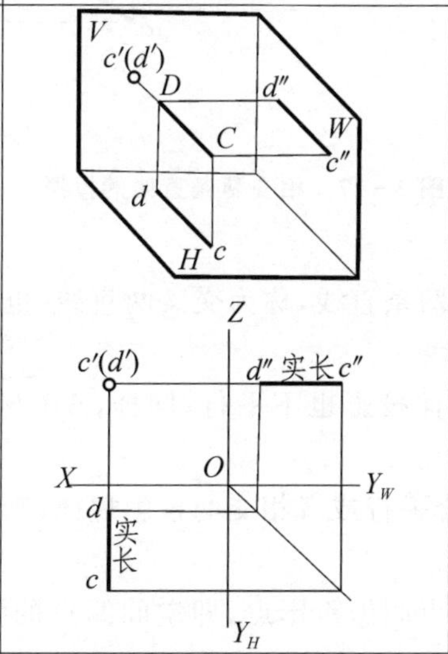	侧垂线 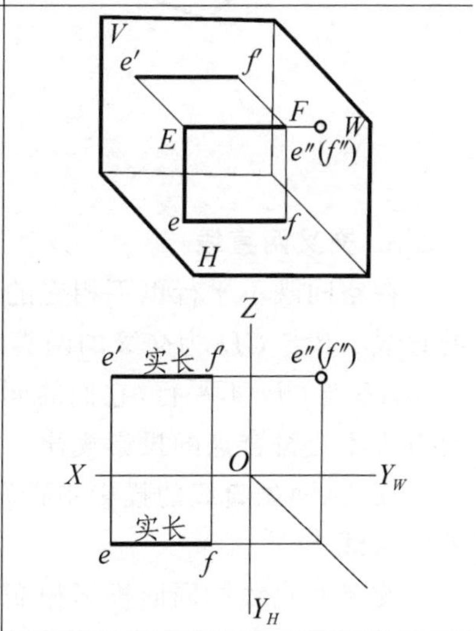

投影面垂直线的投影特征

投影面垂直线在所垂直的投影面上的投影必积聚成为一个点；另外两个投影都反映线段实长，且垂直于相应投影轴。

2.4.4 两直线的位置关系

空间两直线的位置关系分为平行、相交及交叉 3 种情况。

1. 平行两直线的投影

空间互相平行的两条直线，它们的同面投影也互相平行。如图 2-16 所示，若 $AB/\!/CD$，则 $ab/\!/cd$，$a'b'/\!/c'd'$，$a''b''/\!/c''d''$。反之两条直线的各组同面投影都平行，则可判断它们在空间一定互相平行。

2. 相交两直线的投影

空间相交的两条直线，它们的同面投影也相交，交点为两条直线的共有点，符合直线上点的投影特性和规律。如图 2-17 所示，直线 AB 与直线 CD 相交于点 K，则点 K 是直线 AB 和直线 CD 共有的点，根据点属于直线的投影特性，K 点的三面投影都分别是既属于 AB 又属于 CD 的同面投影。

如果两直线的各面投影都相交，并且交点符合点的投影规律，则可判断两条直线在空间上一定相交。

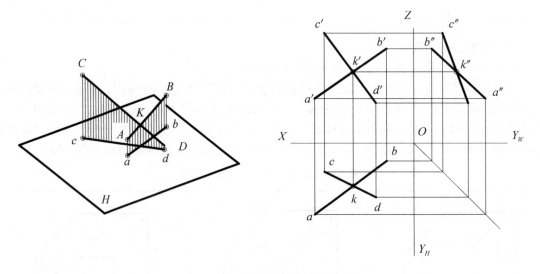

图 2-17 相交两条直线的投影

3. 交叉两直线

在空间既不平行也不相交的两条直线，称为交叉两直线（也称异面直线），如图 2-17 所示的直线 AB 与 CD 为交叉的两直线。

AB 与 CD 不平行，它们的同面投影也不平行；同样，AB 与 CD 不相交，它们的同面投影交点也不会符合点的投影规律。

反之，两条直线的投影不符合平行或者相交的投影规律，则可推断两条直线为空间相交叉的两直线。

交叉两直线的同面投影相交点叫做重影点，即空间两点的投影重合。利用重影点的可见性，可以很方便地判断两条直线在空间的位置关系。

2.5 平面的投影

2.5.1 平面的表示方法

平面通常由点、直线或具体的平面形确定,也可以由它们的投影来表示。
① 不在同一直线上的三点,如图 2-18(a)所示。
② 一条直线和直线外一点,如图 2-18(b)所示。
③ 两条相交的直线,如图 2-18(c)所示。
④ 两条平行的直线,如图 2-18(d)所示。
⑤ 任意的平面形,如图 2-18(e)所示。

几种情况可以互相转换,在实际的生产生活中,以平面图形最为常见。它们以某种平面形存在。图解时常用相交或平行直线表示。

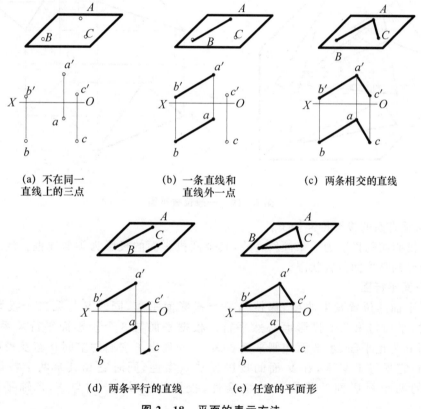

图 2-18 平面的表示方法

2.5.2 各种位置平面的投影特性

根据平面与投影面相对位置的特殊性,空间平面对投影面的位置分为一般位置平面、投影面垂直面和投影面平行面。

1. 一般位置平面

与3个投影面都倾斜的平面称为一般位置平面。如图 2-19 所示,ABC 就是一个一般位置平面,在3个投影面上同时反映类似性,得到平面的3个类似图形。

一般位置平面的投影特性如下:

在3个投影面都反映为3个类似的平面图形,不能反映平面的实际形状,也不能反映平面与3个投影面的倾角,但可以根据3个类似的平面图形判断该平面的大致形状。

2. 投影面垂直面

与一个投影面垂直,但与另外两个投影面倾斜的平面称为投影面垂直面。根据投影面与3个投影存在的垂直情况不同,投影面垂直面分为正垂面(与 V 面垂直)、铅垂面(与 H 面垂直)、侧垂面(与 W 面垂直)3种。表2-6列出了它们的空间状态及投影特性。以正垂面为例:它垂直于 V 面,在 V 面上反映积聚性,同时它和 H,W 面倾斜,其 V 面的投影为一条与 X,Z 轴倾斜的直线。其余两面的投影为类似图形。

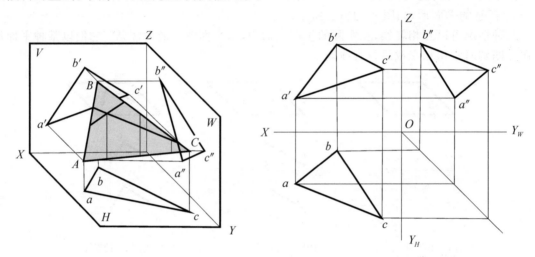

图2-19 一般位置平面

投影面垂直面的投影特性如下:

在一个投影面的投影为一条倾斜直线,其余两投影面的投影为类似线框。反之也可根据这一投影情况判断平面位置状况。

3. 投影面平行面

当某一平面的位置发生改变,保持与一个投影面垂直,同时又与第二个投影面也发生垂直关系时,平面与第三个投影面必然平行。根据平面与3个投影面平行关系的不同,投影面平行面分为正平面、水平面和侧平面。表2-6列出了它们的空间状态及投影特性。以正平面为例:它平行于 V 面,在 V 面的投影反映真实性,同时它和其余两个投影面同时垂直;在其余的两个投影面的投影反映积聚性,投影为直线,分别与 X,Z 轴平行,与 Y 轴垂直。

对于平面的投影,在针对实际的绘图及读图时,要特别注意如下两点:

① 积聚性和类似性。积聚性和类似性是两个非常重要的特性,积聚性能很好地帮助读者判断平面的位置及顺利地找到平面上的点、线的投影;平面的类似性能帮助读者预见平面的投影形状,顺利地作出准确的判断和表达。

② 无论平面在哪种情况下,都至少有一个投影为封闭的几何线框。反之,投影图上的一个封闭的线框一般情况下表示空间的一个面的投影,这一点能帮助读者分析读图。

表 2-6 特殊位置平面的投影特性

类　型	投影特性		
投影面垂直面直观图	正垂面：垂直于正面，倾斜于其他两个投影面	铅垂面：垂直于水平面，倾斜于其他两个投影面	侧垂面：垂直于侧面，倾斜于其他两个投影面
投影面垂直面的投影特性	正面投影是斜直线，有积聚性。其余两个投影成类似形	水平投影是斜直线，有积聚性。其余两个投影成类似形	侧面投影是斜直线，有积聚性。其余两个投影成类似形
投影面平行面直观图	正平面：平行于正面，垂直于其他两个投影面	水平面：平行于水平面，垂直于其他两个投影面	侧平面：平行于侧面，垂直于其他两个投影面
投影面平行面的投影特性	正面投影反映实形，其余两个投影积聚成直线	水平投影反映实形，其余两个投影积聚成直线	侧面投影反映实形，其余两个投影积聚成直线

2.5.3 平面内的点和直线

1. 在平面上作直线

在平面上作直线以立体几何的两个定理为依据。

① 如果直线通过了平面上的两点,则直线必在平面上。如图 2-20(a)所示,平面 P 由相交直线 AB 和 BC 给定,在 AB 和 BC 上各取一点 D,E,则通过 D,E 两点的直线 MN 一定在平面 P 上。

② 如果直线通过了平面上的一点,且平行于平面内的另一条直线,则该直线必在该平面上。如图 2-20(b)所示,平面 Q 由直线 AB 和线外一点 C 给定,过点 C 作 CD 平行于 AB,则 CD 一定在平面 Q 上。

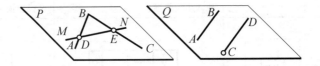

(a) 直线上两点都在同一平面上　　(b) CD平行于AB

图 2-20　直线在平面上的条件

【**例题 2**】 已知平面由 AB,AC 给定,在平面上任意引一条直线(见图 2-21)。

解:**解法 1**　如图 2-21(a)所示,在 AB 上任取一点 M,在 AC 上取一点 N,连接 M,N 的同面投影,即所求直线的同面投影。

解法 2　过点 C(两条直线上的合适位置点均可)引一条直线 CD 平行于 AB,根据平行投影特性,在两个投影面内分别作出的 CD 投影仍然与 AB 的同面投影平行,即为所求,如图 2-21(b)所示。

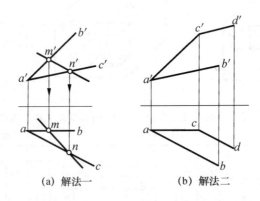

(a) 解法一　　(b) 解法二

图 2-21　在平面上取直线的方法

2. 在平面上作点

在平面上作点:如果一条直线属于某一平面,则该直线上的点必在平面上。

【**例题 3**】 已知三角形 ABC 所在平面内有一点 M 的水平投影,求作 M 点的正面投影(见图 2-22)。

解:经过 M 点的水平投影 m,连接 am 交 bc 于 d,由于 M 点在△ABC 所在平面上,直线

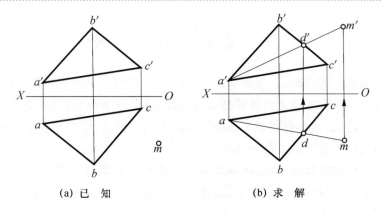

(a) 已　知　　　　　　　　　(b) 求　解

图 2-22　求作 K 点的正面投影

AM 与 BC 相交于 D 点，A，D，M 三点共线。交点 D 在 BC 上，其三面投影均在直线 BC 的同面投影上，找到 D 点的正面投影，连接 A，D 两点的正面投影并延长，根据点的投影规律，即得 M 点正面投影。

注：本题的作图方法要视具体情况而定。如果点在三角形内，也可以用上述方法，还可利用该点作出平面内合适线段的平行线，利用平行性作图。

【例题 4】　已知一平面形四边形 $ABCD$ 的水平投影及部分正面投影，求作四边形的完整正面投影（见图 2-23）。

解：由于 D 点在 $ABCD$ 四边形内，因此只要求出 D 点的正面投影，即可求解。作图步骤如下：

① 在水平面内连接 AC，BD 两直线的水平投影，得到交点 M 的水平投影点 m；

② 连接直线 A，C 两点的正面投影 $a'c'$，过 m 作 X 轴的垂线（点的投影规律），交 $a'c'$ 于 m'；

③ 连接 $b'm'$ 与过 d 作的 X 轴的垂线交于 d'；

④ 顺序连接 $a'b'c'd'$ 即为所求。

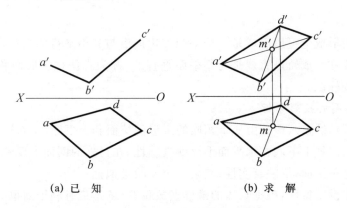

(a) 已　知　　　　　　　　　(b) 求　解

图 2-23　求四边形的正面投影

2.6 基本体的三视图

在设计机器和机器零件时,必须先分析它们的结构模型。一般机件的形体都可以看成是由棱柱、棱锥、圆柱、圆锥、圆球及圆环等基本几何体(简称基本体)按照一定方式组合而成的。根据机件的实际用途,通常还有些基本体的结构加工成带切口、穿孔等不完整的基本体。基本体的投影是学习其他复杂形体投影的基础。

根据基本的形体构成特点,一般将基本体分为平面几何体和回转几何体两类。平面几何体每个表面都是平面,包括棱柱、棱锥等;回转几何体的表面至少有一个是曲面,包括圆柱、圆锥、圆台及圆球等,如图2-24所示。

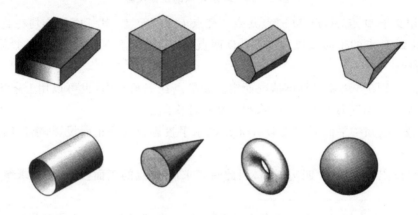

图 2-24 基本几何体

2.6.1 平面几何体

平面几何体的投影实质是把组成平面几何体的平面及棱线关联地表示出来,同时判断其可见性。

1. 棱 柱

棱柱从形体的形成上可以看成是一个平面多边形沿与其不平行的某一直线移动一段距离形成的。常见的棱柱形成轨迹直线是与其平面垂直的,称为直棱柱。底面和顶面为正多边形的直棱柱称为正棱柱。

(1) 棱柱三视图的投影分析

如图2-25所示的正六棱柱由6个相同的矩形侧棱面和上下底(正六边形)面所围成。

如图所示的六棱柱上下底在水平面上反映真实性,在另外的两面上反映积聚性,投影为直线。前后2个面是正平面,反映真实性;其余4个反映类似性。

棱柱的三视图投影特性:根据物体的最佳摆放位置(依据最有利于简单清楚地表达物体的原则),一般在与棱线垂直的投影面上的投影为一个多边形,反映棱柱的底或顶的实形,称为棱柱的特征视图;另外的两个视图都是以实线或虚线组成的矩形线框,反映侧棱面的真实性或类似性,同时反映棱柱沿直线移动的距离,称为一般视图。

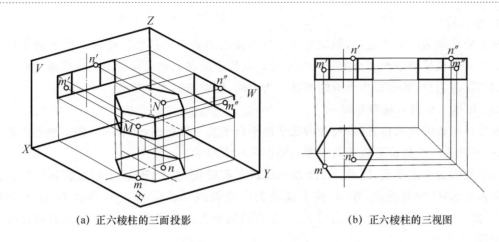

(a) 正六棱柱的三面投影　　　　　　　(b) 正六棱柱的三视图

图 2-25　正六棱柱的三视图及表面取点

广义的棱柱体较多,如常见的 V 形铁、导轨及各种型钢,都是棱柱。还有相对比较复杂的平面图形沿直线移动后的形状,它们的三视图都具备同样的特征。如图 2-26 所示的几种棱柱的三视图,可供读者进行投影分析。

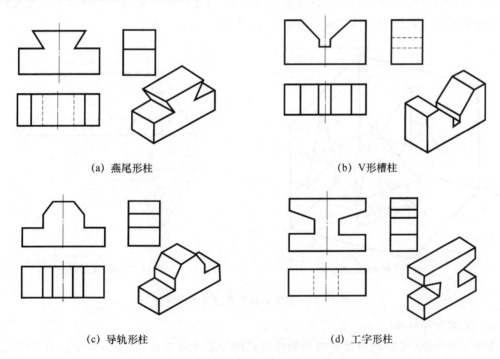

(a) 燕尾形柱　　　　　　　　　　　　(b) V形槽柱

(c) 导轨形柱　　　　　　　　　　　　(d) 工字形柱

图 2-26　一些常见棱柱的三视图

(2) 棱柱的表面点的投影

大多数棱柱为直棱柱,找棱柱表面上的点一般采用平面投影的积聚性来作图。

判断其可见性时,若平面可见,则平面上的点也可见;反之不可见。积聚时不判断其可见性,如图 2-25 所示。

2. 棱　锥

棱锥的底面为一个多边形，侧面为具有公共顶点的若干三角形。棱锥从形体的变化角度也可以看成是棱柱的顶面缩小为一点的结果。从棱锥的顶点到底面的距离叫棱锥的高。棱锥的底面为正多边形，各侧面为全等的等腰三角形时，棱锥被称为正棱锥。

(1) 棱锥三视图的投影分析

在选择棱锥的摆放位置时，棱锥的底平面平行于某一投影面，并有一个侧面垂直于某一投影面(一般选择一个侧面垂直于某一面)，如图 2-27 所示。

由于底面为一水平面，因此，在 H 面上反映真实形状，在 V，W 面上均反映积聚性。锥体的后侧面 △SAC 为侧垂面，在 W 面上反映为一段斜线 $s''a''(c'')$，其 V 面及 H 面为类似性 △$s'a'c'$ 和 △sac(前者不可见，后者可见)。左右的侧面为一般位置平面，在 3 个面的投影均反映类似性。

在绘制棱锥的三视图时，一般先绘制底平面的 3 个投影，再定锥顶的位置，将顶点的投影与底面各顶点的同面投影连接起来，从而形成棱锥的三视图。

棱锥的三视图的投影特性：在与棱锥底面平行的投影面上的投影为一个多边形，反映棱锥底面的实形；各侧棱面反映类似性，其投影为三角形；其余两面投影为一个或几个三角形线框，棱锥的底平面投影积聚为一条直线，如图 2-27 所示。

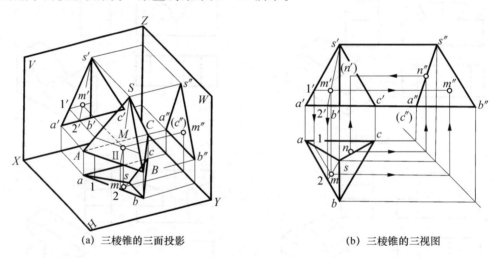

(a) 三棱锥的三面投影　　　　　　　(b) 三棱锥的三视图

图 2-27　棱锥的投影及棱锥表面取点

(2) 棱锥表面取点

特殊位置的点，可以利用投影的积聚性或点的投影规律求得；属于一般位置的点可以通过作辅助线或辅助面的方法求得。

辅助线法：连接棱顶与所求的点并延伸到底平面，与底面的多边形相交，利用底平面的积聚性及点在直线上的投影规律，可顺利求得。如图 2-27 所示，连接顶点 S 和 M 的正面投影作一条辅助线 $S\mathrm{II}$，求 $S\mathrm{II}$ 的水平投影，即求得 M 点的水平投影 m。根据点的投影规律，求得 M 点的三面投影。

辅助面法：过棱锥表面上的一般位置平行于底平面切棱锥，在棱锥的表面上就会得到一个与底平面相似的多边形，与顶点越近，多边形越小，反之越大。多边形的三面投影可依据切割平面与侧棱的交点来确定,所求的点在多边形的一条边上。在实际点的辅助平面法的求取中,常常不用绘制出多边形的完整各边,只需绘出点所在边即可。如图 2-27 所示,求作 M 点的水平和侧面投影时,过 M 点作底平面的平行面交 AS 的正面投影于 $Ⅰ$ 点。具体作图时,过 m' 作 $a'c'$ 的平行线交 $a's'$ 于 $1'$,根据点的投影规律,找出 $Ⅰ$ 点的水平投影 1,依据棱锥的几何特性,在水平面上过 1 作 as 的平行线,与过 m' 所作的 X 轴的垂线交于 m,m 即为所求,根据点的投影关系,求得点 M 的侧面投影。

2.6.2 回转几何体

由曲面或曲面与平面围成的形体称为曲面体。常见的曲面体回转几何体是由回转面或回转面与平面围成的几何基本形体,如圆柱、圆锥、圆球、圆环等。

回转面是由一条母线绕某一轴线旋转而形成的。母线在旋转过程中的任一位置时都称为素线。对于某一投影面,回转面的可见与不可见的分界线称为轮廓转向线,在绘制回转体的投影时,只须绘出回转体的轮廓转向线即可。母线上任意一点的运动轨迹皆为垂直于轴线的圆,称为纬圆。

1. 圆 柱

(1) 圆柱的形成

圆柱是由圆柱面及上下两个圆形平面围成的,圆柱面可以看成是由一条直线围绕与它平行的轴线回转而成的。圆柱的任意素线与轴线都平行。

(2) 圆柱三视图的投影分析

当圆柱的轴线与水平投影面垂直时,它的俯视图为一个反映圆柱面的积聚性的圆,同时反映圆柱面的顶面及底面的真实形状;圆柱上的任一素线及素线上的点在该视图中均反映积聚性,投影为一个点;在 V,W 面上的投影则反映顶面及底面的积聚性,积聚的两条线与轮廓转向线组成两个完全相同的矩形线框,如图 2-28 所示。当摆放位置不同时,其三视图具有同样的特征。

圆柱的三视图与棱柱的三视图具有同样的规律(圆柱可以看成正棱柱的边数无穷增加时的形体变化结果):一个视图反映为圆,其余两个视图为矩形。

绘制圆柱的三视图时,先绘制出圆柱的中心线及轴线,绘制出投影为圆的视图,再绘制出其余两个视图,对称中心线及轴线根据国家标准,超出轮廓线 2～5 mm。

(3) 圆柱表面上取点

在圆柱面上取点,一般利用积聚性作图。

如图 2-28 所示,已知圆柱面上一点 M 的正面投影,求其水平及侧面投影。由于圆柱面的水平投影积聚为一个圆,因此 M 点的水平投影必然积聚在圆周上,根据点的投影规律及点的可见性,即可求得 M 点的水平投影及侧面投影。

2. 圆 锥

(1) 圆锥的形成

圆锥是由圆锥面及圆形的底面围成的,圆锥面可以看成一条直线作母线,与其相交成一定角度的轴线回转而成。

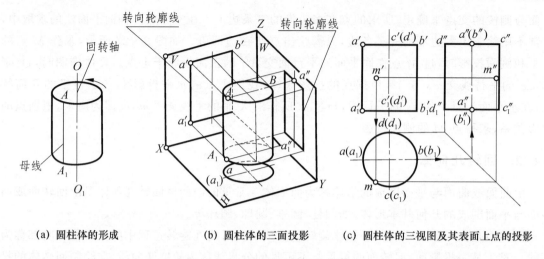

(a) 圆柱体的形成　　　　　(b) 圆柱体的三面投影　　　　(c) 圆柱体的三视图及其表面上点的投影

图 2-28　圆柱的投影及表面取点

(2) 圆锥的投影分析

圆锥的轴线与某一投影面垂直时,最有利于表达结构。当圆锥的轴线与 H 面垂直时,其投影情况如图 2-29 所示,正面及侧面投影都是相同的等腰三角形,水平投影为圆。由于圆锥的素线倾斜于底平面,因此不能反映积聚性。在正面及侧面的投影中,底面反映积聚性,两腰是轮廓转向线,正面的转向线是最左及最右的两条素线,侧面的轮廓转向线是最前及最后的两条素线。

绘制圆锥的三视图时,先绘制出轴线及对称中心线,再绘制出投影为圆的视图,根据投影关系绘出其余的两个等腰三角形即可。

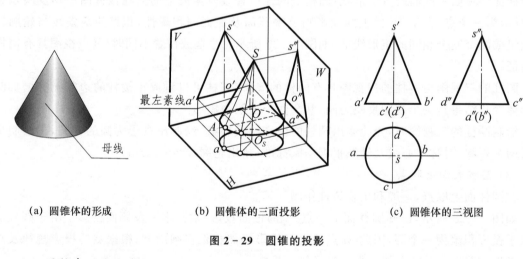

(a) 圆锥体的形成　　　　　(b) 圆锥体的三面投影　　　　(c) 圆锥体的三视图

图 2-29　圆锥的投影

(3) 圆锥表面上取点

圆锥表面上取点与棱锥表面上取点具有同样的规律,一般采取两种作图方法:辅助线法及辅助面法,如图 2-30 所示。

辅助线法:辅助线法与棱锥表面取点法一样,过锥顶连接所求点引一条素线,作出其水平及正面投影,根据点属于直线及点的投影规律,即可找到该点的三面投影(根据作图的方便性原则,一般先作正面及水平面投影)。点所在的面投影可见,则该点投影也可见。

辅助面(圆)法:如图 2-30 所示,在锥面上过 M 点作一个与轴线垂直的纬圆(或假想过 M 点平行于底平面切割圆锥),则 M 点的另外两面投影均在纬圆的同面投影上。

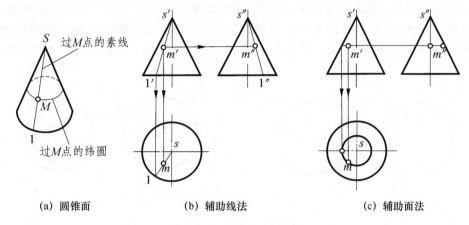

(a) 圆锥面　　　　　(b) 辅助线法　　　　　(c) 辅助面法

图 2-30　圆锥面上取点

3. 圆　球

(1) 圆球的形成

如图 2-31 所示,圆球可以看成是由一条母线圆绕着其直径旋转而成的。母线上的任意一点的轨迹均为一个圆,点的位置不同,圆的直径也不同。最大的纬圆称为赤道圆。

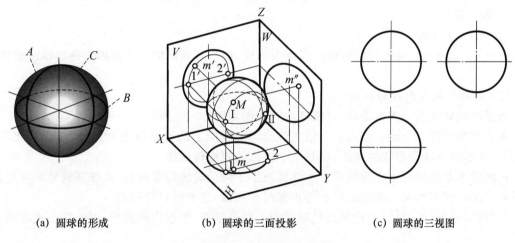

(a) 圆球的形成　　　　　(b) 圆球的三面投影　　　　　(c) 圆球的三视图

图 2-31　圆球的三视图

(2) 圆球三视图的投影分析

圆球的三面投影(三视图)均为与球直径相同的圆,它们分别为圆球轮廓转向线的三面投影。正面投影圆为前半球和后半球的分界圆 A 的投影;水平面投影是上半球与下半球的分界圆 B 的投影;侧面投影是左半球与右半球的分界圆 C 的投影。3 个圆的其余两面投影均与球的中心线重合,不应绘出。

在绘制圆球的三视图时,先绘制出 3 组互相对应的中心线,再绘出 3 个等大的圆。

(3) 圆球表面上取点

圆球表面上取点:特殊位置的点可直接求得,一般位置的点利用辅助圆法求得,再判断其可见性。

如图2-32所示,已知圆球表面上一点M的正面投影m'。求其水平投影及侧面投影。根据m'的位置和可见性,可知M点在球面的右半球的前上部位。可以通过作水平辅助圆或侧平辅助圆的方法,在球面的主视图上过m'作水平辅助圆的投影1'2',再在俯视图中作辅助圆的水平投影(即以俯视图的圆心为圆心,以1'2'为直径画圆),根据点的投影规律,过M点的正面投影作X轴的垂线,交圆于m,再求得侧面投影m"。水平投影可见,侧面投影不可见。

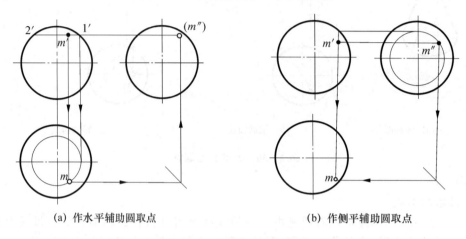

(a) 作水平辅助圆取点　　　　　(b) 作侧平辅助圆取点

图2-32 球面上点的投影

4. 圆 环

(1) 圆环的形成

如图2-33所示,圆环可以看成是以圆为母线,绕与其共面但位于圆周之外的轴线旋转而成的。

(2) 圆环三视图的投影分析

当圆环的轴线为一条铅垂线时,圆环的三视图如图2-33所示。

水平投影中有3个同心圆,其中,细点画线为母线圆心的运动轨迹;内外粗实线圆表示圆环的上、下半部分的分界线的投影,也是水平投影的轮廓转向线。

正面投影是由平行于正面的两个素线圆及上下两条轮廓线组成的,素线圆的外部可见,靠轴线的内部一侧不可见。侧面的投影与正面投影相似,读者可自行分析。

绘制圆环的三视图时,先绘制各投影的中心线及轴线,绘制出俯视图,再绘制出主视图、左视图。

(3) 圆环表面上取点

圆环表面上取点可依据圆环母线上任意一点的运动轨迹均为一垂直于轴线的圆,过所求的点作一个与轴线垂直的辅助圆即可求得。

如图2-34所示,已知圆环表面上M点的正面投影,求其另外两面的投影。根据M点的正面投影m'的可见性,可判断M点在圆环面上的位置在前、上方的左半部。作一个过M点的纬圆,作出该圆的水平投影,点M在纬圆上,根据点的投影规律,即可求得点M的水平及侧面投影。判断水平及侧面投影均可见。

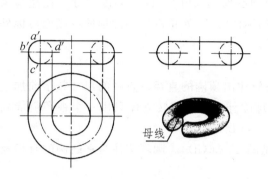

图 2-33 圆环的形成及其三视图

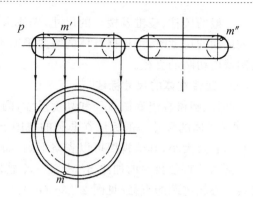

图 2-34 圆环表面上取点

2.6.3 基本几何体的尺寸标注

视图的尺寸标注是产品加工的主要依据,平面图形只标注二维的尺寸,但三维空间的立体结构都具有长、宽、高方向的尺寸。标注立体的尺寸时须将 3 个方向的尺寸标注齐全,但应避免重复。

1. 平面立体的尺寸标注

平面立体的尺寸标注一般直接注出长、宽、高 3 个方向的尺寸即可,如图 2-35 所示。正方形的尺寸应采用"□"或"边长×边长"的形式注出。

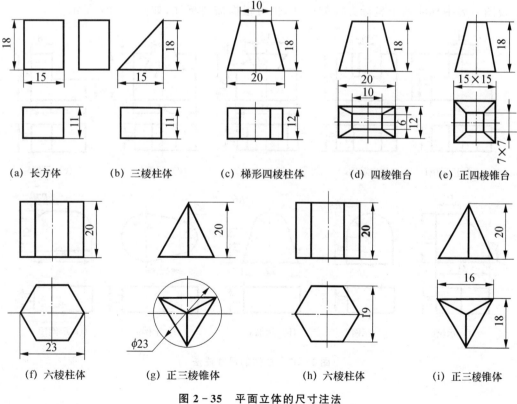

图 2-35 平面立体的尺寸注法

一般的棱柱、棱锥及棱台的尺寸,先注出顶面和底面的尺寸,再注出高度尺寸。在注写顶面或底面的尺寸时,可根据具体的需要采取不同的标注方法,如正六边形的顶面或底面可标外接圆或内切圆的直径。

2. 回转立体的尺寸标注

圆柱、圆锥标出底圆直径和高度尺寸,圆台还应注出顶圆的直径。直径的尺寸数字前加注 ϕ,回转立体的尺寸一般标注在非圆的视图上(圆球除外),这时回转立体只用一个视图就能确定其形状及大小,其他视图可以省略不画,如图 2-36 所示。

圆球的直径数字前加注 $S\phi$,只需一个视图(见图 2-36(d))。圆环应注写素线圆的直径及素线圆心轨迹圆的直径(见图 2-36(e))。

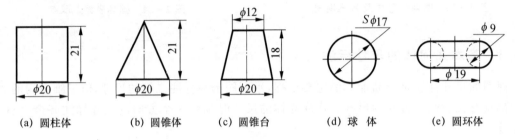

图 2-36　回转立体的尺寸注法

3. 常见的柱体类形体尺寸标注

柱体类形体在生产实际的形体组成中最为常见。为了读图方便,常在能反映柱体特征形状的视图上集中标注两个坐标方向的尺寸,也可根据需要标注,如图 2-37 所示。

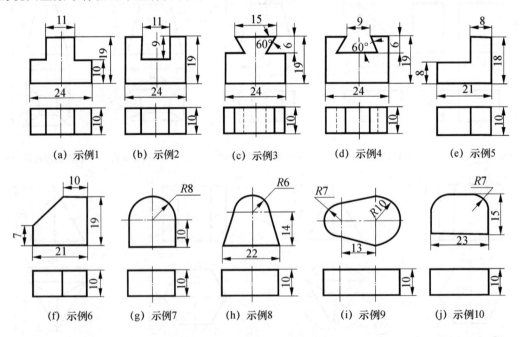

图 2-37　柱体的尺寸注法

第 3 章　立体表面的交线

3.1　截交线

3.1.1　截交线的性质

机器的零件一般都不是单一、完整的基本几何体,而是由几种基本几何体进行切割或叠加而成的形体,如图 3-1(a)所示。基本体被平面切割以后的部分称为切割体,截切基本体的平面称为截平面,基本体被截切以后的断面称为截断面,截平面与基本体表面的交线称为截交线,如图 3-1(b)所示。

截交线的形状与基本几何体的形状及截平面的位置有关,任何形状的截交线都具备如下两个基本性质。

① 共有性:截交线既属于截平面,又属于立体的表面。截交线是截平面及立体表面的共有线,截交线上的任一点均为共有点。

② 封闭性:任何立体表面的截交线都是一个封闭的平面图形(平面的多边形、平面的曲线或二者的组合)。

截交线作图的实质就是求出截平面与基本几何体的一系列共有点的集合。

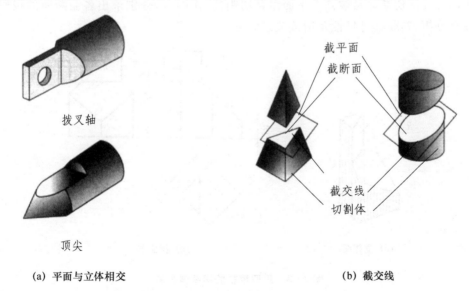

(a) 平面与立体相交　　　　　　　　　　(b) 截交线

图 3-1　平面与立体相交及截交线的概念

3.1.2　平面切割体的截交线

平面几何体的表面是由平面围成的,平面几何体被切割后,截交线是由直线段围成的封闭的平面多边形。多边形的各个顶点是棱线与截平面的交点,多边形的各边是棱面与截平面的交线,作平面切割体的截交线就是求截平面与平面几何体上各被截棱线的交点,并将其依次连接而成。

【例题1】 求正六棱柱的截交线,如图3-2所示。

正六棱柱被一正垂面切断,截平面与正六棱柱的6条侧棱都相交,得6个交点,其截面必然是一个封闭的六边形。作图时,先利用积聚性求出截平面与侧棱交点的正面与水平面的投影,再根据点的投影规律求出点的侧面投影。依次连接各点的同面投影,如图3-2(b)所示。

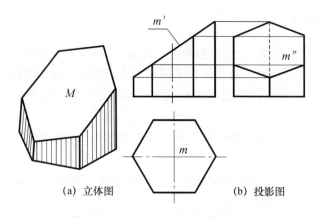

图3-2 正六棱柱的截交线

【例题2】 求作正四棱柱的切断体的完整三视图,如图3-3所示。

该正四棱柱的切断体是被几个平面组合切割的,作图时,分别求出各截断面的投影,进行形体的综合分析,判断其可见性及衔接关系即可。

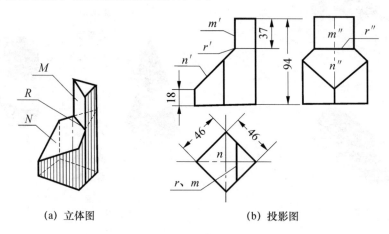

图3-3 正四棱柱的切断体投影

【例题3】 求斜切三棱锥的投影,如图3-4所示。

三棱锥的截平面为一正垂面,正垂面切断了三棱锥的3条棱线,得到3个交点,利用积聚性可求出3个交点的三面投影,只要将其依次连接即可。

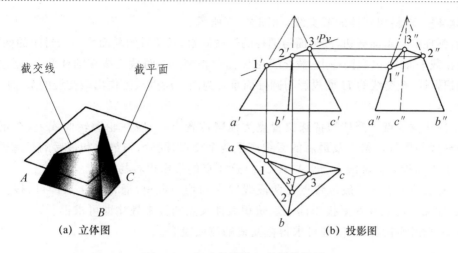

图 3-4 正三棱锥的切断体的投影

3.1.3 回转切割体的截交线

回转几何体的表面是由曲面或曲面与平面围成的,它的截交线一般是封闭的平面曲线。截交线上的任意一点可以看成是回转体上的某一条线与截平面的交点。作回转几何体的切断体的截交线时,在回转面的适当位置作一系列辅助线(素线或纬圆),利用积聚性求出它们与截平面的交点,再依次连接。

1. 圆柱切割体

根据圆柱与截平面位置的不同,圆柱被切割以后其截交线有 3 种不同的情况,如表 3-1 所列。

表 3-1 圆柱的切割

截平面位置	与轴线垂直	与轴线倾斜	与轴线平行
截交线形状	圆	椭圆	矩形
直观图			
投影图			

【例题 4】 求斜切圆柱的截交线，如图 3-5 所示。

分析：圆柱被正垂面截切，截平面与圆柱的轴线倾斜，截切后的断面为一个封闭的椭圆，椭圆上的点既在截平面上，又在圆柱上，截交线在 V 面上积聚。同时截交线在圆柱面上，圆柱面在 H 面上反映积聚性，截交线的 H 面投影与圆柱面重合为圆。所以只需作出截交线的 W 面投影。

作图：

① 作特殊位置点。圆柱的特殊位置点为极限位置点，一般在轮廓转向线上，在正面的截平面的积聚线与圆柱的最左及最右的素线产生两个交点，同时，与最前和最后的轮廓转向线的交点重合于正面投影的轴线上，即 A,B,C,D 这 4 点的投影很容易求得。

② 作一般位置点。一般位置点在两段线段中间均匀取得，通常取 4 点即可，根据点在圆柱面上，圆柱面上的点在水平投影面上反映积聚性及点的投影规律即可求得。

③ 依次光滑连接各点，整理可求得截交线的侧面投影。

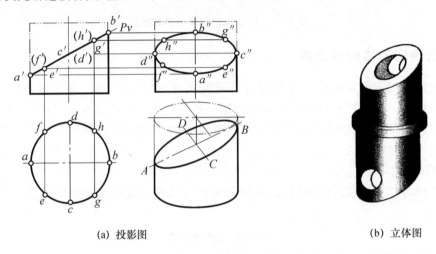

(a) 投影图　　　　　　　　(b) 立体图

图 3-5　圆柱的斜切

【例题 5】 求切口圆柱的投影，如图 3-6 所示。

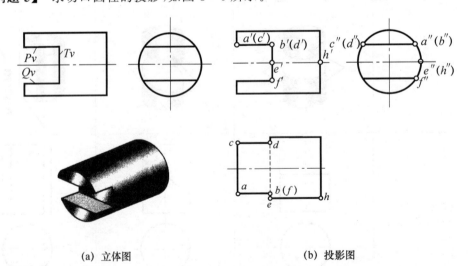

(a) 立体图　　　　　　　　(b) 投影图

图 3-6　切口圆柱的投影

分析:从切口圆柱的主视图及左视图可以看出,圆柱被两个与轴线平行的平面 P,Q 和与轴线垂直的平面 T 切割, P,Q 两平面切割后成直线,后者切割后的交线为圆弧。

作图: P,Q 两平面切割圆柱得到的两个矩形在左视图上反映积聚性,交线 AB,CD 在圆周上积聚为两点,根据点的投影规律,分别找到 AB,CD 的水平投影,被切割后的圆柱最左端的槽最前、最后的素线被切掉。其作图过程如图 3-6 所示。

常见圆柱切割体的投影如图 3-7 所示。

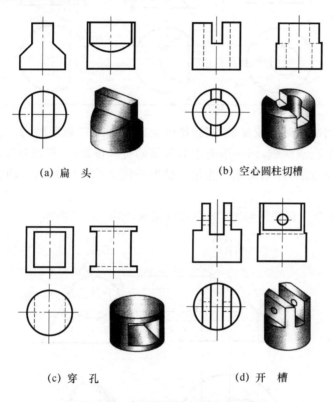

(a) 扁　头　　　　　　(b) 空心圆柱切槽

(c) 穿　孔　　　　　　(d) 开　槽

图 3-7　常见的圆柱切割体的投影

2. 圆锥切割体

根据截平面对圆锥轴线位置的不同,圆锥的截交线分为 5 种不同的情况,如表 3-2 所列。

表 3-2　平面与圆锥相交的各种情况

$\theta=90°$	$\theta>\alpha$	$\theta=\alpha$	$\theta>0°,\theta<\alpha$	截平过锥顶
截交线为圆	截交线为椭圆	截交线为抛物线	截交线为双曲线	截交线为三角形

续表 3-2

θ=90°	θ>α	θ=α	θ>0°,θ<α	截平过锥顶
截交线为圆	截交线为椭圆	截交线为抛物线	截交线为双曲线	截交线为三角形

圆锥的截交线情况相对比较复杂,当圆锥的交线为圆或三角形时,其投影可直接求得;若截交线为椭圆、抛物线、双曲线,则一般先求其表面的特殊位置点,再通过辅助面法或辅助线法求合适数量的一般位置点,并依次光滑连接。辅助平面法的作图方法在圆锥表面的取点内容中已有阐述。

【例题 6】 圆锥被一正垂面切割,求作其截交线,如图 3-8 所示。

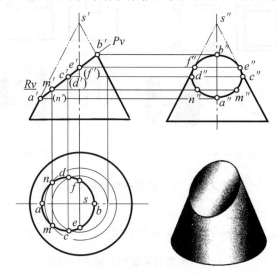

图 3-8 圆锥切割体的投影

分析:根据如图 3-8 所示的情况分析,圆锥被一个与轴线斜交的正垂面切割,交线应为椭圆,水平投影及侧面投影反映椭圆的类似性。

作图:

① 首先根据点的投影规律及圆锥的结构特点,作出特殊位置点 A,B 的三面投影,然后作出 C,D 两点的三面投影,再作 E,F 两点的三面投影。

② 找一般位置点 M,N 的三面投影。

③ 用光滑的曲线依次连接各点的正面投影,并整理轮廓线。

【例题 7】 求顶尖头的水平投影,如图 3-9 所示。

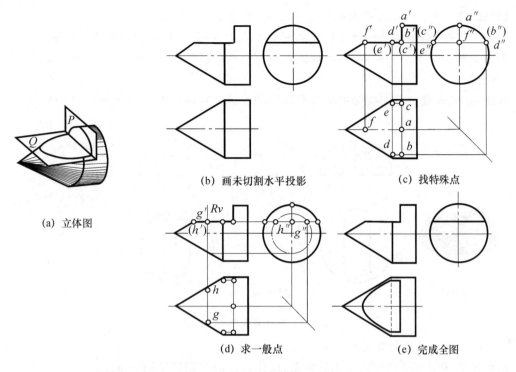

图 3-9 顶尖的水平投影求法

分析：顶尖头是由圆锥体和共轭的圆柱体组成后，被两个截平面 P、Q 切割得到的，P 平面为侧平面，垂直于轴线切圆柱，截交线为圆弧，正面及水平面的投影积聚为直线；Q 平面为水平面，同时切割到圆锥体和圆柱体，与圆锥体的截交线为一段双曲线，切割圆柱体时平行于轴线，截交线为矩形，在水平面内均反映真实形状。作图过程如图 3-9 所示。

3．圆球切割体及其他的回转切割体

（1）圆球的切割体

用任何位置的平面去切割圆球，其截交线均为圆，圆的大小取决于截平面与球心的距离：当截平面通过球心时，截平面的圆直径为圆球的直径；离球心越近，截交线圆越大，反之越小。在投影时，要根据截交线圆与投影面所处的位置投影，反映不同的特性。

【例题 8】 求如图 3-10 所示的圆球切割体的截交线。

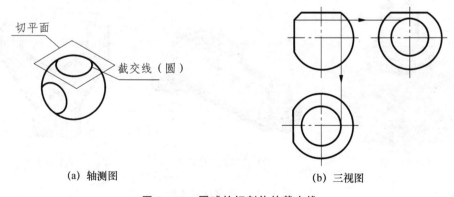

图 3-10 圆球的切割体的截交线

【例题 9】 求半圆球开槽后的完整三视图,如图 3-11 所示。

分析:半球开槽结构是一种螺钉头部的常用结构,按照当前的摆放位置,半圆球由两个对称的侧平面和一个水平面切割,与圆球的交线都是圆(或圆的一部分),在 $H、W$ 上反映积聚性或真实性。

作图:正确地确定截交线圆的半径是作图的关键。具体作图过程如图 3-11 所示。

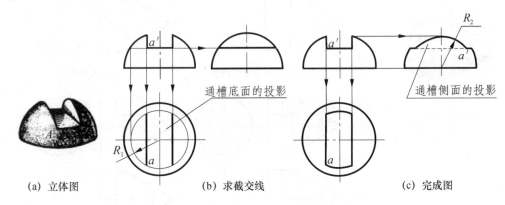

图 3-11 半球切割体的三视图

(2) 圆环的切割体的截交线

圆环被平面切割以后的情况比较复杂,求作时一般利用辅助圆法求取。

3.2 相贯线

在工程上,常见到各种立体相交的情形。如图 3-12 所示的几种结构均为人们所熟知,从形体结构上分析,实质是由圆柱、圆台等结构相交而成的。立体相交的实质是立体的表面相交。

两立体相交产生的表面交线,称为相贯线。就形体的结构性质而言,相贯的基本几何体可能是平面几何体,也可能是回转几何体,平面几何体与其他形体的相贯可以看成是平面几何体表面的平面切割其他几何体而形成的;从相贯体机械零件出现的频率而言,两回转体相贯居多。本节主要介绍两回转体的相贯线的性质及求法。

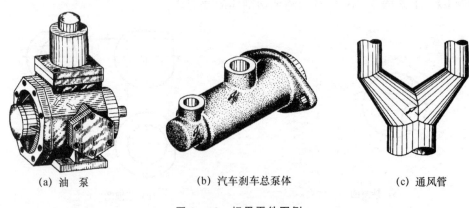

图 3-12 相贯零件图例

3.2.1 相贯线的几何性质及作法

由于组成机件的各基本体的几何形状、大小和相对位置不同,相贯线的形状也不相同,常见的回转体的相贯线及相贯线的变化情况如表 3-3,表 3-4 所列。但任何形状的相贯线都具有以下性质。

① 共有性:相贯线是两相交立体的共有线,也是两立体表面的分界线,相贯线上的点一定是两立体表面的共有点。

② 封闭性:两相交立体有一定的大小限制,相贯线一般是封闭的空间曲线,特殊情况下为平面曲线或直线,如表 3-5 所列。

表 3-3 常见的回转体相贯线

相对位置	圆柱与圆柱相交	圆柱与圆锥台相交
轴线正交		
轴线斜交		
轴线相错		

表 3-4 相贯线的变化情况

相对位置	圆柱与圆柱正交	圆柱与圆锥台正交
其中一个相贯体的尺寸变化，相贯线随之发生变化	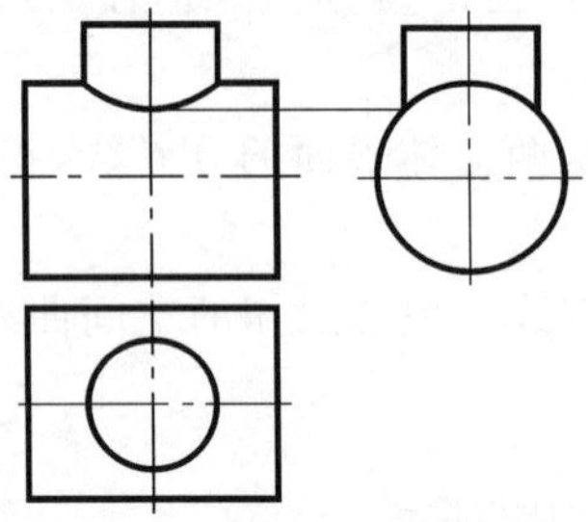	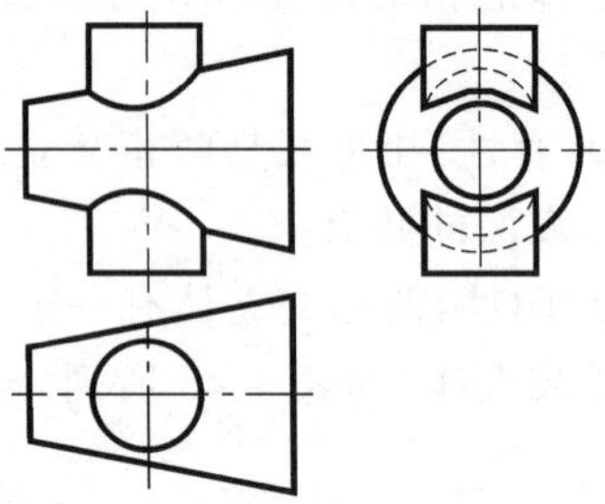

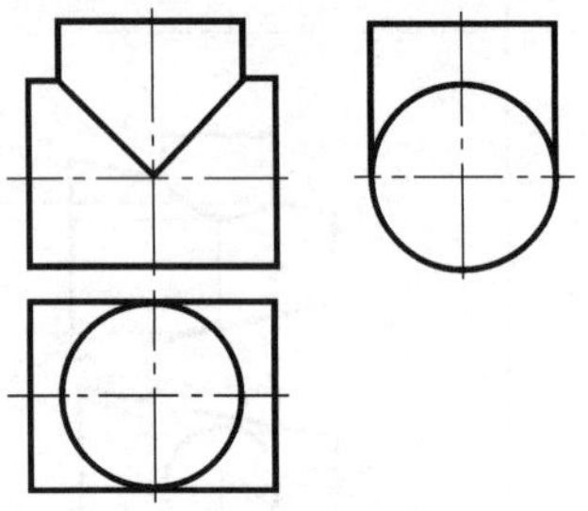

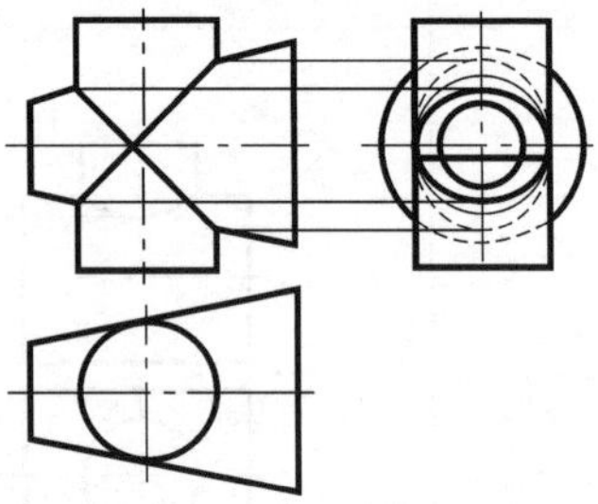

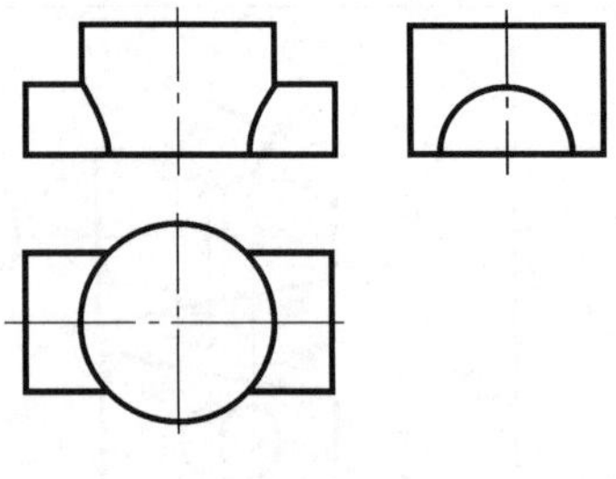

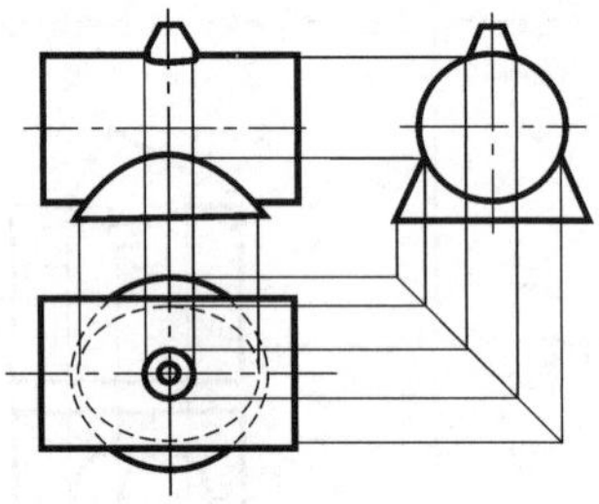

表 3-5 相贯线为特殊的直线或平面曲线

相贯条件	投 影 图	相贯线性质
① 回转曲面轴线通过球心； ② 圆柱和圆锥轴线重合	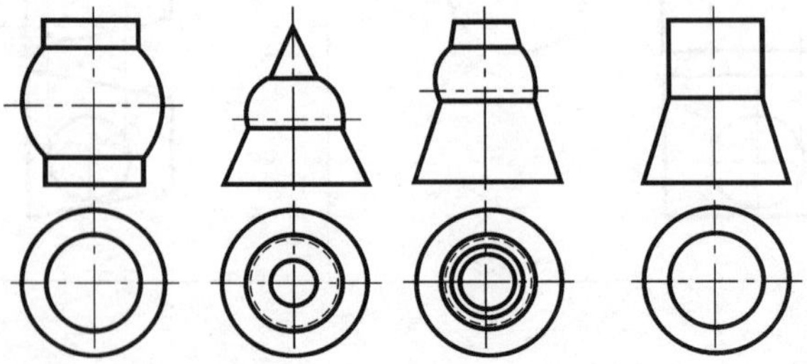	相贯线为垂直于曲面轴线的圆

续表 3-5

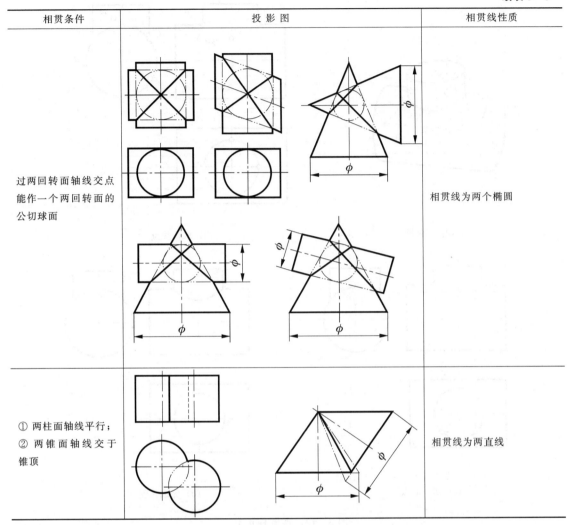

相贯条件	投影图	相贯线性质
过两回转面轴线交点能作一个两回转面的公切球面		相贯线为两个椭圆
① 两柱面轴线平行; ② 两锥面轴线交于锥顶		相贯线为两直线

求相贯线的实质就是求两基本体表面的共有点,并将这些点光滑地连接起来。

相贯线的作法一般有如下 3 种:
① 表面取点法;
② 辅助平面法;
③ 辅助球面法。

如果两回转体的投影都有积聚性,那么一般可采用表面取点的方法,求出相贯线的投影。而辅助面的选择原则是:辅助平面与两个回转面的投影交线应该简单易绘制,如:直线或圆弧。

作图方法是:先找出交线上的特殊位置点的投影(通常是指回转几何体表面及交线上的最高最低、最左最右、最前最后的点),再找出若干个一般位置点,连接这些共有点的同面投影即为相贯线的投影。

3.2.2 利用积聚性取点作相贯线

【例题 10】 求作两圆柱正交的相贯线,如图 3-13 所示。

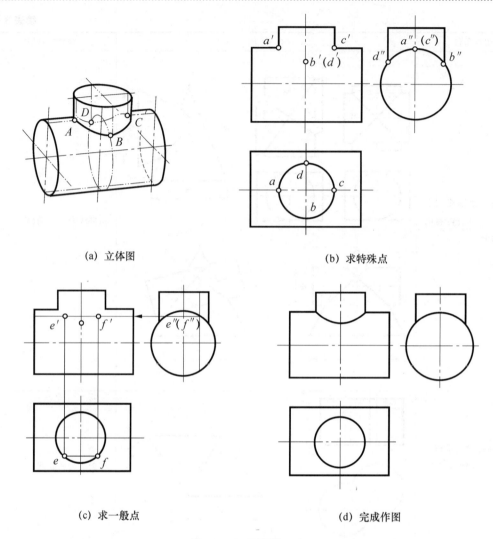

(a) 立体图　　(b) 求特殊点

(c) 求一般点　　(d) 完成作图

图 3-13　两圆柱正交

分析：两圆柱正交，直立圆柱面在水平面内反映积聚性，相贯线的水平投影必然积聚到圆周并与其重合，水平圆柱在侧面的投影积聚，根据相贯线的投影特性，相贯线的侧面投影必然在水平圆周的侧面积聚在圆周上，且为夹在直立圆周最前最后的两条素线之间的部分，故相贯线的水平及侧面投影均为已知，利用表面取点的方法，求出相贯线的正面投影即可。

作图：

① 求特殊位置点，相贯线上的最左、最右点（即最上的点）A，C，最前、最后的点 B，D，4 点可以直接求得，如图 3-13(b)所示。

② 求一般位置点，在相贯线水平投影的前半部分（相贯线前、后对称）取 E，F 两点的水平投影，根据投影关系求得两点的侧面投影（积聚性），再求正面投影。同样的方法可求得若干点。

③ 依次连接各点，得相贯线的正面投影（前后对称，粗实线的后面有重合虚线）。

当两圆柱正交的直径相差较大时，其相贯线可以采用圆弧代替非圆曲线的近似画法，或采用简化画法，如图 3-14 所示。

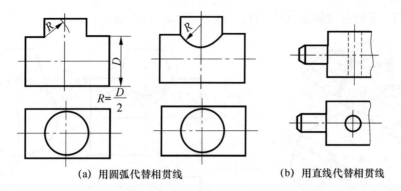

(a) 用圆弧代替相贯线　　　　(b) 用直线代替相贯线

图 3-14　用圆弧代替相贯线

圆柱的穿孔或两圆柱孔的相交相贯线的作法，与例题 10 的两圆柱正交求法一样，如图 3-15 所示。

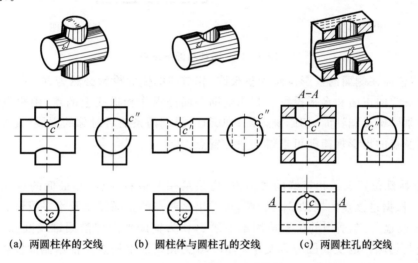

(a) 两圆柱体的交线　　(b) 圆柱体与圆柱孔的交线　　(c) 两圆柱孔的交线

图 3-15　圆柱孔的相贯线

3.2.3　利用辅助平面法作相贯线

用辅助平面法求相贯线的基本原理就是求三面共有的点。分别求出辅助平面与回转曲面表面的交线，交线的交点就是相贯线上的点，该点既在辅助平面上，也在两个相贯的回转体的立体表面上，如图 3-16 所示。

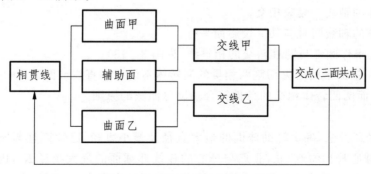

图 3-16　辅助平面法方框示意图

【例题 11】 求圆柱与圆锥正交的相贯线,如图 3-17 所示。

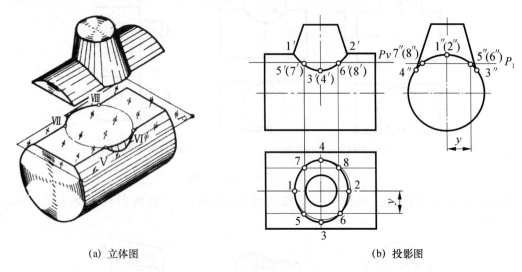

(a) 立体图   (b) 投影图

图 3-17 圆柱与圆锥正交

分析:圆柱面在侧面的投影反映为积聚圆,相贯线的侧面投影必然为圆,所以,作相贯线的实质是作相贯线的正面和水平投影。利用辅助平面法求作相贯线上的点,用垂直于圆锥轴线的水平面切割圆锥及圆柱面,切圆锥得圆;切圆柱,得到两条前后对称的交线(素线),根据三面共点的原则及点的投影规律即可求得一般位置点。

作图:

① 先求特殊位置点。相贯线的最高点(也是最左及最右的点)和最低的点在侧面投影积聚在圆弧上,根据过该点的辅助(平面)圆,可求出这些点的正面投影及水平投影。

② 一般位置点:在适当的位置选用水平面 P 作为辅助平面切割圆锥及圆柱,切圆柱的两条平行素线与切圆锥的交线圆分别交于 5,6,7,8 为相贯线上的点。根据侧面投影及点的投影关系,可以作出四点的水平及正面投影。

③ 判断其可见性,并通过光滑连线,即可得到相贯线的正面及水平投影。

3.2.4 用辅助球面法求作相贯线

辅助球面法仍然是利用三面共点的原理。利用辅助球面法必须具备以下 3 个条件:
① 两相交立体皆为回转体。
② 两回转体的轴线一般应相交。
③ 两回转体的轴线同时与某一投影面平行。

【例题 12】 求作圆锥与圆柱斜交的相贯线(见图 3-18)。

分析:由于用辅助平面法去切割两相贯的回转体不能得到直线或圆弧,故用辅助平面法不能方便地作图。而两回转体相交的条件符合辅助球面法的原则。

作图:

① 利用辅助球面法,确定辅助球面的最大直径及最小直径,已知圆柱与圆锥相贯线上的特殊位置点(离球心最远的点)Ⅱ,Ⅱ点与球心的连线即球面的最大半径 R_1,内切于圆锥的球面半径 R_2 是最小辅助圆球的半径。作最小辅助球面得到交点Ⅲ,Ⅳ的投影。

② 在最大和最小的球面范围内,以 R_3 为半径作球面得交点Ⅴ,Ⅵ,Ⅶ,Ⅷ。同样的方法可得到一系列的交点。

③ 判断可见性,通过各点光滑连线。前后重合。

水平投影可根据正面投影求得。

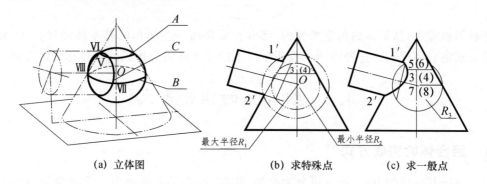

(a) 立体图　　　(b) 求特殊点　　　(c) 求一般点

图 3-18　圆柱与圆锥的斜交

第 4 章 组合体

任何机械零件,从形体的角度来分析,都可看成是由一些简单的基本体经过叠加、切割或穿孔等方式组合而成的。这种由两个或两个以上的基本体组合构成的整体称为组合体。

4.1 组合体的组合形式

4.1.1 组合体的构成方式

组合体按其构成的方式,通常可分为叠加、切割、综合等几种类型。叠加型组合体是由若干个基本体叠加而成的,如图 4-1(a)所示的螺栓是由六棱柱、圆柱和圆台叠加而成的;切割型组合体则可看成是由基本体经过切割或穿孔后形成的,如图 4-1(b)所示的压块是由四棱柱经过 4 次切割再穿孔以后形成的;大多数组合体则是既有叠加又有切割的综合型,如图 4-1(c)所示的支架即为组合体。

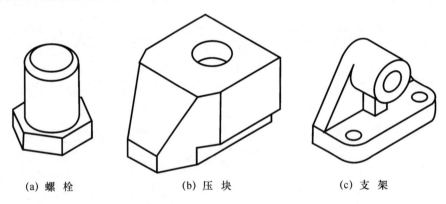

(a) 螺 栓　　　　(b) 压 块　　　　(c) 支 架

图 4-1 组合体的构成方式

4.1.2 组合体上相邻表面的连接关系

1. 两基本体表面平齐或相错

当相邻两基本体的表面互相平齐,连成一个平面时,结合处没有界线。在画图时,主视图的上下形体之间不应画线,如图 4-2(a)所示。

如果两基本体的表面不共面,而是相错(见图 4-2(b)),则在主视图上要画出两表面间的界线。

2. 两基本体表面相交

两个基本体表面相交所产生的交线(截交线相贯线),应在视图中画出其投影,如图 4-2(c)所示。

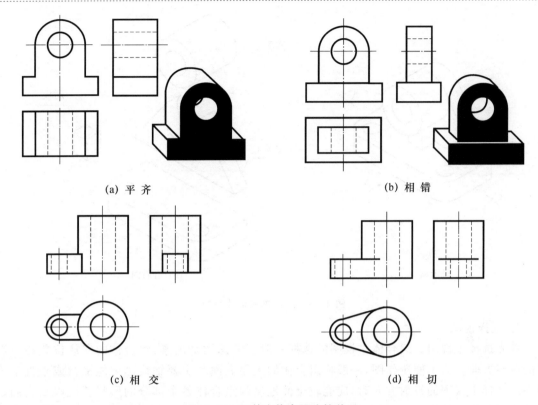

图 4-2 两基本体表面连接关系

4.1.3 两基本体表面相切

相切是指两个基本体的相邻表面（平面与曲面或曲面与曲面）光滑过渡，相切处不存在轮廓线，在视图上一般不画出分界线，如图 4-2(d)所示。

4.2 组合体视图的画法

画组合体的基本方法是形体分析法。所谓形体分析法，就是将组合体假想分解成若干基本形体，分清它们的形状、组合方式和相对位置，分析它们的表面连接关系以及投影特性，进行画图和读图的方法。

4.2.1 叠加型组合体的视图画法

1. 分析形体

如图 4-3(a)所示的轴承座，根据其形状特点，可分解为 4 个部分，如图 4-3(b)所示。

分析基本体的相对位置：轴承座的左右对称，支承板与底板、圆筒的后表面平齐，圆筒前端面伸出肋板前表面。

分析基本体之间的表面连接关系：支承板的左右侧面与圆筒表面相切，前表面与圆筒相交；肋板的左右侧面及前表面与圆筒相交，支承板、肋板置于底板上。

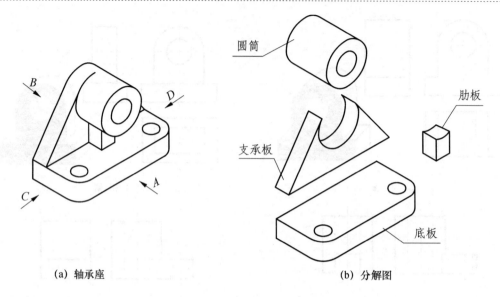

(a) 轴承座　　　　　　　　　　　　(b) 分解图

图 4-3　组合体的形体分析

2. 选择视图

首先选择主视图。组合体主视图的选择一般应考虑两个因素：组合体的安放位置和主视图的投射方向。为了便于作图，一般将组合体的主要表面和主要轴线尽可能平行或垂直于投影面。选择主视图的投射方向时，应能较全面地反映组合体各个部分的形状特征以及它们之间的相对位置。按图 4-3 所示的 A,B,C,D 这 4 个投射方向进行比较，若以 B 向作为主视图，虚线较多，显然没有 A 向清楚；C 向和 D 向虽然虚线情况相同，但若以 C 向作为主视图，则左视图上会出现较多虚线，没有 D 向好；再比较 D 向和 A 向，A 向反映轴承座各部分的轮廓特征比较明显，所以确定以 A 向作为主视图的投射方向，如图 4-4 所示。

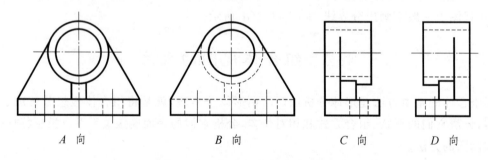

　　A 向　　　　　　　B 向　　　　　　C 向　　　　　D 向

图 4-4　分析主视图的投射方向

主视图选定以后，俯视图和左视图也随之确定。俯、左视图补充表达了主视图上未能表达清楚的部分，如底板的形状及通孔的位置在俯视图上反映，肋板的形状则在左视图上反映。

3. 布置视图

根据组合体的大小，定比例，选图幅，确定各视图的位置，画出各视图的基线，如组合体的底面、端面、对称中心线等。

4. 画图步骤

画图的一般步骤（见图 4-5）是先画主要部分，再画次要部分；先定位置，再定形状；先画基本形体，再画切口、穿孔、圆角等局部形状。

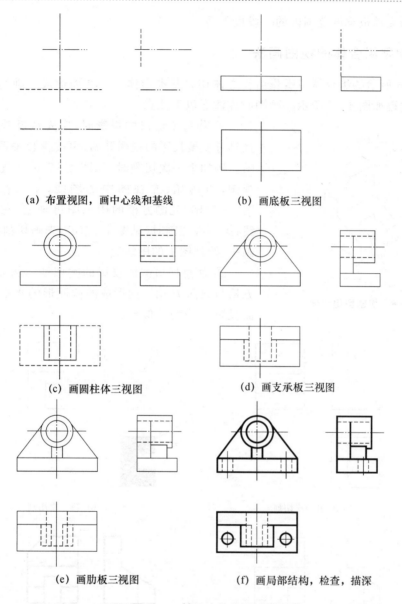

(a) 布置视图，画中心线和基线　　(b) 画底板三视图

(c) 画圆柱体三视图　　(d) 画支承板三视图

(e) 画肋板三视图　　(f) 画局部结构，检查，描深

图 4-5　轴承座的作图过程

画图时应注意以下几点：

① 运用形体分析法，逐个画出各部分基本形体的三视图。同一形体的 3 个视图应按投影关系同时进行，而不是先画完一个视图后再画另一个视图。这样可以减少投影错误，也能提高绘图速度。

② 画每一部分基本形体的视图时，应先画反映该部分形状特征的视图。例如先画圆筒的主视图，再画俯、左视图。对于底板上的圆孔和圆角，则应先画俯视图，再画主、左视图。

③ 完成各基本形体的三视图后，应检查形体间表面连接处的投影是否正确。如支承板的左右侧面与圆筒的表面相切，则支承板在俯、左视图上应画到切点处为止。肋板与圆筒表面相交处，应画出交线的投影。回转体的轮廓线穿入另一形体实体部分的一段不应画出，如圆筒的左右轮廓线在俯视图上处于支承板宽度范围内的一段不画，则圆筒最下面的轮廓线在左视图

上处于肋板和支承板宽度范围内的一段也不画。

4.2.2 切割型组合体的视图画法

如图 4-6 所示的组合体可看作由长方体切去基本形体 1,2,3 而形成。画切割型组合体视图的作图过程如图 4-7 所示。画图时应注意以下几点：

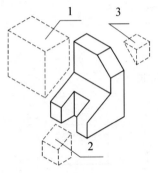

图 4-6 切割型组合体

① 作每个切口的投影时，应先从反映体特征轮廓且具有积聚投影的视图开始，再按投影关系画出其他视图。例如第一次切割时（见图 4-7(a)），先画切口的主视图，再画俯、左视图中的图线；第二次切割时（见图 4-7(b)）先画方槽的俯视图再画主、左视图中的图线；第三次切割时（见图 4-7(c)）先画切割的左视图，再画主、俯视图中的图线。

② 注意切口截面投影的类似性。例如图 4-7 中，方槽与斜面 P 相交而形成的截面形的水平投影 p 与侧面投影 p'' 应为类似形。

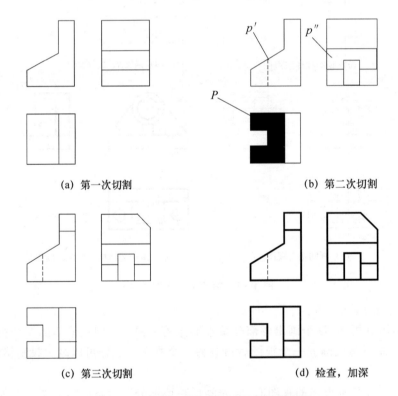

图 4-7 画切割型组合体视图的作图步骤

4.3 组合体视图的识读

读组合体的视图，是根据二维图形，分析视图之间的投影关系，想象出三维形体的空间形状。为了能正确而迅速地读懂组合体的视图,必须熟悉读图的基本要领和基本方法。

4.3.1 读图的基本要领

1. 熟悉掌握基本体的形体表达特征

如图 4-8 所示,三视图中有两个视图的外形轮廓形状为矩形,则该基本体为柱;若为三角形,则该基本体为锥;若为梯形,则该基本体为棱台或圆台。要明确判断上述基本体是棱柱(棱锥、棱台)还是圆柱(圆锥、圆台),还必须借助第三个视图的形状。若为多边形,则该基本体为棱柱(棱锥、棱台);若为圆,则该基本体为圆柱(圆锥、圆台)。

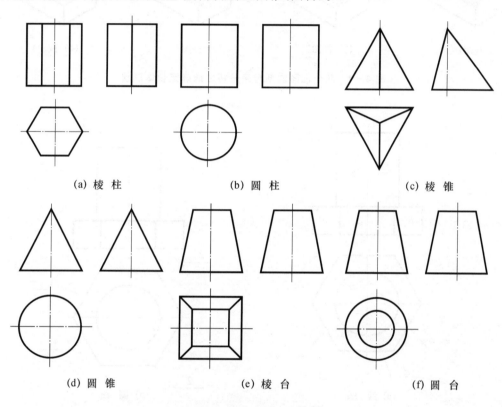

图 4-8 基本体的形体特征

2. 几个视图联系起来识读才能确定物体形状

在机械图样中,机件的形状一般是通过几个视图来表达的,每个视图只能反映机件一个方面的形状,因此,仅由一个或两个视图往往不能唯一地确定机件的形状。

如图 4-9 所示给出的 4 组图形,它们的主视图都相同,并且图(a)、(b)的主、俯视图也相同,图(c)、(d)的主、左视图也相同,但实际上分别表示了 4 种不同形状的物体。由此可见,读图时必须将几个视图联系起来,互相对照分析,才能正确地想象出该物体的形状。

3. 理解视图中线框和图线的含义

视图中的每个封闭线框,通常都是物体上一个表面(平面或曲面)的投影。如图 4-10(a)所示,主视图中有 4 个封闭线框,对照俯视图可知,线框 a'、b'、c' 分别是六棱柱前面 3 个棱面的投影;线框 d' 则是圆柱体前半圆柱面的投影。

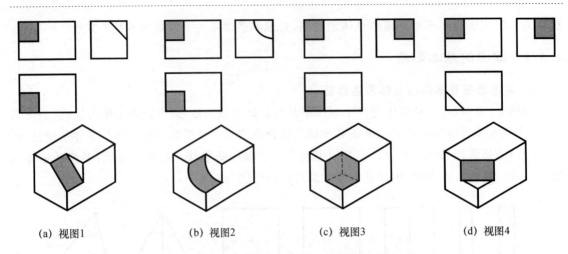

(a) 视图1　　(b) 视图2　　(c) 视图3　　(d) 视图4

图 4-9　几个视图联系起来分析才能确定物体形状

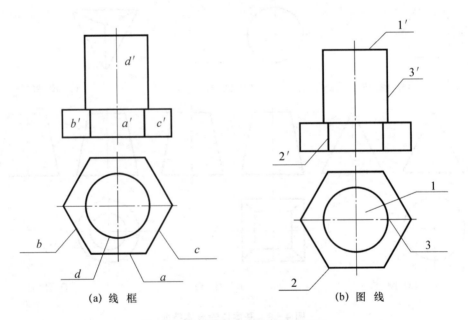

(a) 线　框　　　　　　　　(b) 图　线

图 4-10　视图中线框和图线的含义

若两线框相邻或大线框中套有小线框,则表示物体上不同位置的两个表面。既然是两个表面,就会有上下、左右或前后之分,或者是两个表面相交。如图 4-10(a)所示,俯视图中大线框六边形与其中的小线框圆,就是六棱柱顶面与圆柱顶面的投影。对照主视图分析,圆柱顶面在上,六棱柱顶面在下。主视图中的 a' 线框与左面的 b' 线框以及右面的 c' 线框是相交的两个表面;a' 线框与 d' 线框是相错的两个表面,对照俯视图,六棱柱前面的棱面 A 在圆柱面 D 之前。

视图中的每条图线,可能是立体表面有积聚性的投影,或两平面交线的投影,也可能是曲面转向轮廓线的投影。如图 4-10(b)所示,主视图中的 $1'$ 是圆柱顶面有积聚性的投影,$2'$ 是 A 面与 B 面交线的投影,$3'$ 是圆柱面转向轮廓线的投影。

4.3.2 读图的基本方法

读图的基本方法与画图一样,主要也是运用形体分析法。对于比较复杂的组合体,在运用形体分析法读图的同时,还常用线面分析法来帮助想象和读懂不易看明白的局部形状。

1. 形体分析法

根据组合体视图的特点,从图中划分出基本形体,然后按照投影对应关系逐个分析每一基本形体的几个投影,确定其形状及各部分间的相对位置,最后组合起来想象出整体的结构形状。这种先分后组合的看图方法就是形体分析法,形体分析法是看组合体视图的基本方法。

下面以图 4-11 所示的组合体三视图为例,说明读图的方法和步骤。

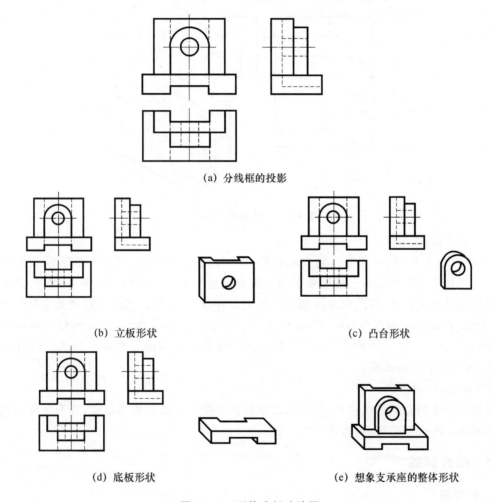

(a) 分线框的投影

(b) 立板形状　　(c) 凸台形状

(d) 底板形状　　(e) 想象支承座的整体形状

图 4-11　形体分析法读图

(1) 对照投影,划分线框

从主视图入手,结合其他两视图,按照投影对应关系把组合体划分成 3 个部分:立板、台、底板,如图 4-11 所示。

(2) 想出形体,确定位置

根据每一部分的三视图,逐一想象出各个基本形体的空间结构形状,并确定它们之间的相对位置,如图4-11(b)~(d)所示。

(3) 综合起来,想出整体

确定各基本形体的形状及相对位置后,就可以想象出组合体的整体形状,如图4-11(e)所示。

2. 线面分析法

线面分析法就是根据视图中图线和封闭线框的含义,来分析物体各表面的形状和位置,从而想象出物体形状的读图方法。

下面以如图4-12所示组合体三视图为例,说明线面分析法读图的方法和步骤。

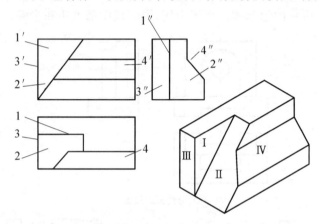

图4-12 线面分析法读图

(1) 分线框,识面形

三视图中:若"一框对两线",则表示投影面平行面;若"一线对两框",则表示投影面垂直面;若"三框相对应",则表示一般位置平面。投影面垂直面的其中两个投影、一般位置平面的各个投影都具有类似性,其线框呈类似形。熟记此特点,可以很快想出面形及其空间位置。如图4-12(a)所示为切割式组合体,线框Ⅰ(1,1′,1″)在三视图中是"一框对两线",故表示正平面;线框Ⅱ(2,2′,2″)在三视图中是"一线对两框",故表示正垂面。同样可分析出线框Ⅲ表示侧平面,线框Ⅳ表示侧垂面。

(2) 识交线,想形状

根据各个面的空间形状和相对位置,还应分析交线的形状和相对位置,进而想象出组合体的空间实形。图中各交线,读者可自行分析。

4.3.3 综合训练

1. 补视图

由已知的两个视图,补画出第三个视图,习惯称为"二补三",对培养画图与读图能力、提高分析问题和解决问题的能力,是行之有效的方法,它是一种画图与读图的综合训练。

下面分别以挖切形式的组合体和叠加形式的组合体为例说明其方法和步骤,如图4-13和图4-14所示。

2. 补缺线

补缺线是一种训练读图能力的有效方法,和补视图一样,运用看组合体视图的基本方法,分线框,对投影,根据投影规律看懂视图,想象出物体的空间结构形状,然后正确地补全视图。

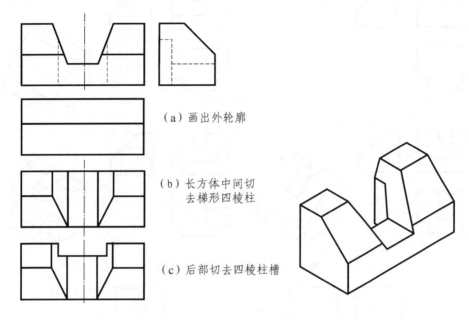

图 4-13 补画俯视图

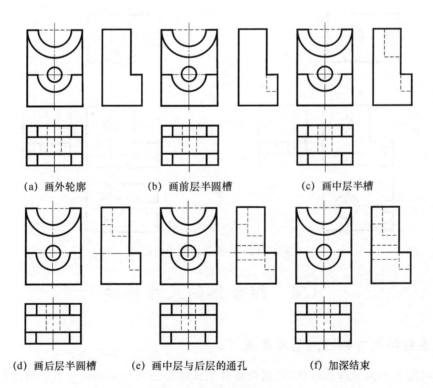

图 4-14 补画左视图

在补图的过程中,一定要充分运用"长对正、高平齐、宽相等"的三视图基本投影规律。下面分别以图 4-15 和图 4-16 为例来说明。

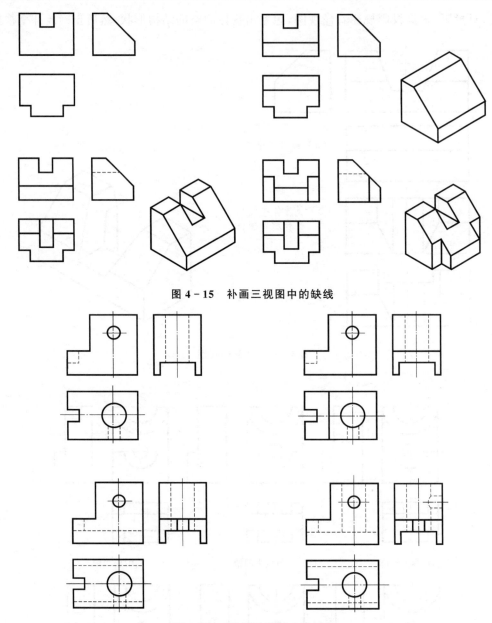

图 4-15 补画三视图中的缺线

图 4-16 补画三视图中的缺线

4.4 组合体的尺寸标注

4.4.1 组合体尺寸标注的基本要求

视图仅能表示组合体的形状,而组合体各组成部分的大小及相对位置还需由尺寸来确定,组合体的尺寸标注时应做到以下几点。

1. 正 确

必须符合国家标准中尺寸注法的一般规定。

2. 完　整

所注尺寸必须能完全确定组合体的形状大小及各部分间的相对位置关系,标注尺寸时既不能遗漏,也不要重复标注。

3. 清　晰

尺寸的布置要整齐清晰,便于看图。

4.4.2　尺寸标注要完整

为使组合体的尺寸标注得完整,最有效的方法是形体分析法,仍是"先分解后组合"。分解:就是标注组合体各基本形体的定形尺寸和定位尺寸;组合:就是标注确定组合体各基本形体之间相对位置的定位尺寸以及总体尺寸。

1. 尺寸种类

(1) 定形尺寸

确定组合体各基本形体形状大小的尺寸。

(2) 定位尺寸

确定组合体各基本形体之间相对位置的尺寸。

(3) 总体尺寸

确定组合体的总长、总宽、总高的尺寸。

为了表示组合体的外形和所占空间的大小,通常应标出相应的总体尺寸。从形体分析和相对位置上考虑,全部注出定形、定位尺寸,尺寸即已标注完整,若再加注总体尺寸,则会出现多余尺寸。所以,在标注总体尺寸时,还需对已标注的尺寸进行适当调整,每加标一个总体尺寸,必去掉一个同方向的定形尺寸或定位尺寸。

当组合体的端部为回转体时,为了突出圆弧中心或孔的轴线位置,注出定位尺寸后,一般不再注出该方向的总体尺寸,如图4-17所示。

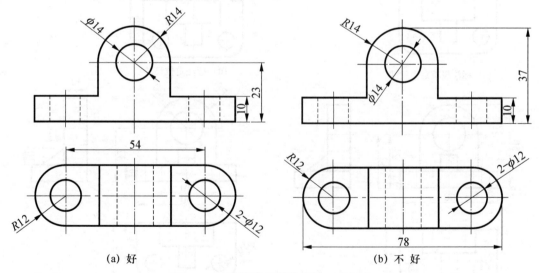

图 4-17　端部为回转体时的尺寸标注

2. 选择尺寸基准

所谓尺寸基准,就是标注和度量尺寸的起点。组合体有长、宽、高三个方向(或径向、轴向两个方向)的尺寸,每一个方向至少应该有一个尺寸基准,用来确定各基本形体的定位尺寸。

同一方向的尺寸基准不管有多少,只能有一个主要基准,即起主要作用(通常由它注出的尺寸较多)的那一个基准。同一方向除了一个主要基准外,通常还有若干个辅助基准。

标注尺寸时,一般选择组合体的底面、重要平面、大平面或对称平面、对称中心线以及回转体轴线作为尺寸基准。

下面以图 4-18 所示的组合体为例,说明尺寸标注的方法和步骤。

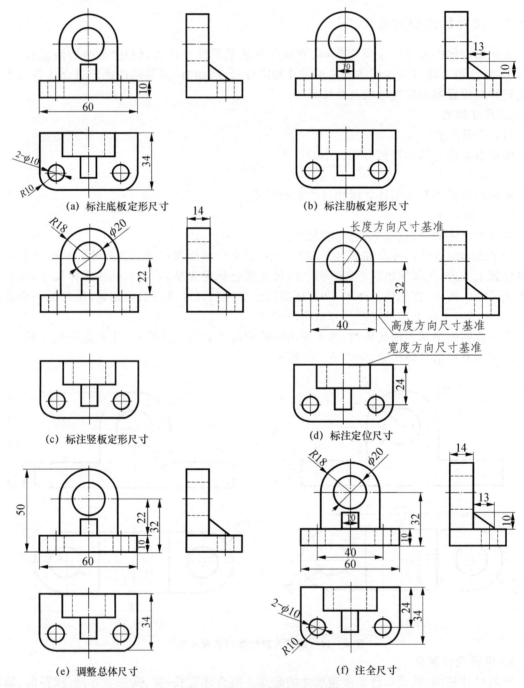

图 4-18 组合体的尺寸注法

4.4.3 尺寸标注要清晰

尺寸标注要清晰，就是尺寸要布局恰当，便于看图，不至于发生误解或混淆。具体要注意以下几点：

① 尺寸应尽量标注在反映形体特征明显的视图上。

② 同一形体的定形尺寸和定位尺寸应尽量集中标注，并尽量标在该项形体的两视图之间，以便想象出物体的空间形状。

③ 为保持图形清晰，尺寸应尽量标注在视图外边。同一方向连续的几个尺寸，尽量放在一条线上，排列尺寸时，应使大尺寸在外而小尺寸在里，避免尺寸线和其他尺寸的尺寸界线相交，以保持图的清晰，但有时为了避免尺寸界线越过图形太长，或与其他图线相交，且当图形有足够地方能清晰注写尺寸数字时，也可注在视图内。

④ 回转体的直径一般尽量注在投影为非圆的视图上，半径尺寸一定要注在投影为圆的视图上。但板件上多孔分布时，其直径应注在反映为圆的视图上。

⑤ 一般情况下不在虚线结构上标注尺寸。

在标注尺寸时，对于以上几点要求不一定能同时兼顾，应根据具体情况，统筹安排，合理布置，如图 4-19 所示。

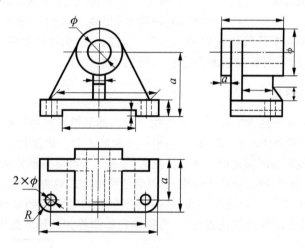

图 4-19 轴承座的尺寸标注

第 5 章　轴测图

5.1　轴测投影图的基本知识

在正投影中,为了在视图上准确地反映物体的形状,一般把物体放正并用两个以上的视图来表达物体的形状。每一个视图反映物体两个坐标方向的形状和大小,如主视图反映物体的长和高,但这样画出的正投影图均缺乏立体感。

如果用平行投影法使光线、物体、投影面相互之间处于某一位置,将物体的长、宽、高 3 个坐标方向的形状同时反映到一个投影面上,则可得到一种富有立体感的投影图——轴测投影图,简称轴测图,如图 5-1 所示。

轴测图具有易懂、立体感强等特点;但由于其投影后变形,度量性差,提高了画图的难度,因此过去主要作为

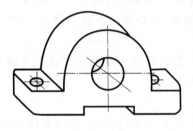

图 5-1　轴测投影图

辅助图样使用。近年来由于计算机技术的不断发展,使画图时间大大缩短。轴测图的作用正在不断扩大,如装配车间采用装配轴测图进行机件的组装工作。

5.1.1　轴测投影的形成

轴测图是应用轴测投影的方法而得到的图样。所谓轴测投影是通过投影使在一个独立的投影面上能同时反映出空间物体的长、宽、高 3 个坐标方向的形状。轴测投影可分为以下两种:

① 将机件对某一投影面倾斜放置后进行正投影(见图 5-2)使在投影面上得到富有立体感的图形。这种方法称为正轴测投影,简称正轴测,所得到的图形为正轴测图,该投影面为轴测投影面。

② 使机件某一表面平行于轴测投影面,然后将该机件对轴测投影面进行斜投影,即投射方向与投影面倾斜。这种方法称为斜轴测投影,所得的投影图称为斜轴测投影图,如图 5-3 所示。

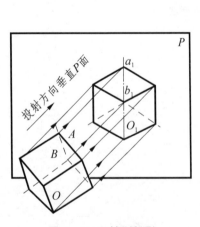

图 5-2　正轴测投影

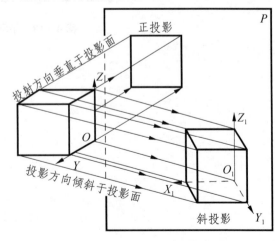

图 5-3　斜轴测投影

5.1.2 轴向伸缩系数和轴间角

当将机件投射到轴测投影面上时,其长、宽、高三个方向的长度和两个方向间的夹角一般会产生变化。

如图 5-4 所示,若把空间坐标轴 OX,OY,OZ 向轴测投影面 P 投射,其上的投影 O_1X_1,O_1Y_1,O_1Z_1 称为轴测投影轴,简称轴测轴,分别简称为 X_1 轴、Y_1 轴、Z_1 轴。在 OX,OY,OZ 上取一单位长度 u,并使 $OX=OY=OZ=u$,其投影后为 $O_1X_1=i$,$O_1Y_1=j$,$O_1Z_1=k$。若有 i,j,k 和原来的单位长度 u 的比,即 $\frac{i}{u}=p_1$,$\frac{j}{u}=q_1$,$\frac{k}{u}=r_1$,则 p_1,q_1,r_1 分别称为 X_1,Y_1,Z_1 轴的轴向伸缩系数。根据轴向伸缩系数就可以分别求出轴测投影图上各个轴向线段的长度。

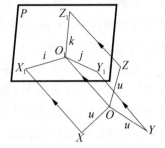

图 5-4 伸缩系数和轴间角

空间 3 根相互垂直的坐标轴 OX,OY,OZ 在轴测投影面 P 上的投影 O_1X_1,O_1Y_1,O_1Z_1 之间的夹角 $\angle X_1O_1Z_1$,$\angle X_1O_1Z_1$,$\angle X_1O_1Z_1$ 称为轴间角。轴间角的总和为 360°,如图 5-4 所示。

5.1.3 轴测投影图的分类

(1) 轴测投影图按照投射方向与轴测投影面的相对位置可分为两类。
① 正轴测投影:投射线与轴测投影面垂直,如图 5-2 所示。
② 斜轴测投影:投射线与轴测投影面倾斜,如图 5-3 所示。
(2) 根据轴向伸缩系数不同,轴测投影图又可分为 3 种。
① 等测:3 个轴向伸缩系数均相等,即 $p_1=q_1=r_1$。
② 二测:两个轴向伸缩系数相等,即 $p_1=r_1\neq q_1$。
③ 三测:3 个轴向伸缩系数均不相等,即 $p_1\neq q_1\neq r_1$。
其中常用的是正等轴测图,简称正等测;斜二等轴测图,简称斜二测。
轴测投影图的分类及参数如表 5-1 所列。

表 5-1 轴测图的分类

分类	正轴测投影			斜轴测投影		
特性	投射线与轴测投影面垂直			投射线与轴测投影面倾斜		
轴测类型	等测投影	二测投影	三测投影	等测投影	二测投影	三测投影
简称	正等测	正二测	正三测	斜等测	斜二测	斜三测
应用举例 伸缩系数	$p_1=q_1=r_1=0.82$	$p_1=r_1=0.94$ $q_1=p_1/2=0.47$	视具体要求选用	视具体要求选用	$p_1=r_1=1$ $q_1=0.5$	视具体要求选用
简化系数	$p=q=r=1$	$p=r=1$ $q=0.5$			无	
轴间角	120° 120° 120°	97° 131° 132°			90° 135° 135°	
例图	(立方体 $L×L×L$)	(立方体 $L×L/2×L$)			(立方体 $L×L/2×L$)	

5.2 正等轴测图

5.2.1 轴间角和各轴向的简化系数

如图 5-5(a)所示,使 3 条坐标轴对轴测投影面处于倾角都相等的位置,也就是将图中立方体的对角线 A_0O_0 放成垂直于轴测投影面的位置,并以 A_0O_0 的方向作为投射方向,所得到的轴测图就是正等测。

如图 5-5(b)所示,正等测的轴间角都是 120°,各轴向伸缩系数都相等,即 $p_1 = q_1 = r_1 \approx 0.82$。为了作图简便起见,常采用简化系数,即 $p = q = r = 1$。采用简化系数作图时,沿各轴向的所有尺寸都用真实长度量取,简捷方便。由于画出的图形沿各轴向的长度都分别放大了约 $1/0.82 \approx 1.22$ 倍,因此这个图形与用各轴向伸缩系数 0.82 画出的轴测图是相似的图形,于是通常都直接用简化系数来画正等测。

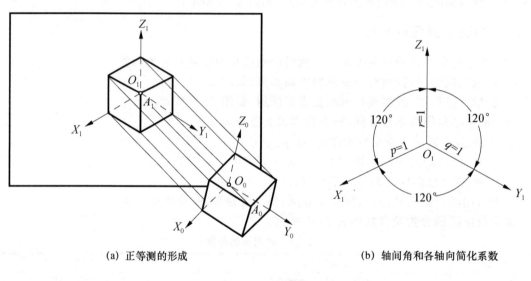

(a) 正等测的形成　　　　(b) 轴间角和各轴向简化系数

图 5-5　正等测

5.2.2 平行于坐标面的圆的正等测

图 5-6 所示是一个圆柱的两面投影图和正等测。因为圆柱的顶圆和底圆分别在坐标面 $X_0O_0Y_0$ 及其平行面上,与轴测投影面都不平行,所以这些圆的正等测都是椭圆,可用 4 段圆弧连成的近似椭圆画出。这个圆柱的正等测的作图过程可参阅本章例题 3 解答中前面部分的有关内容。作图时,可将这个圆柱的顶圆和底圆看作 4 条边分别平行于坐标轴 X,Y 的正方形的内切圆。坐标面 $X_0O_0Y_0$ 上的圆的正等测近似椭圆的作图过程,如图 5-7 所示。

图 5-8 画出了立方体表面上 3 个内切圆的正等测椭圆,它们都可以用图 5-7 的作法分别画出。平行于坐标面的圆的正等测椭圆的长轴,垂直于与圆平面垂直的坐标轴的轴测图(轴测轴);短轴则平行于这条轴测轴。例如平行坐标面 $X_0O_0Y_0$ 的圆的正等测椭圆的长轴垂直于 Z_1 轴,而短轴则平行于 Z_1 轴。用各轴向简化伸缩系数画出的正等测椭圆,其长轴约等于

$1.22d$（d 为圆的直径），短轴约等于 $0.7d$。

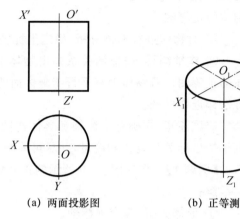

(a) 两面投影图　　　　(b) 正等测

图 5-6　圆　柱

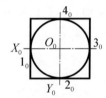 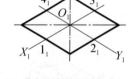 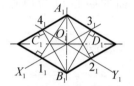 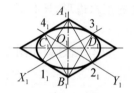

(a) 通过圆心 O_0 作坐标轴和圆心外切正方形，点为 1_0, 2_0, 3_0, 4_0
(b) 作轴测轴和切点 1_1, 2_1, 3_1, 4_1，通过这些点作外切正方形的轴测菱形，并作对角线
(c) 通过 1_1, 2_1, 3_1, 4_1 作各边垂线，交得圆心 A_1, B_1, C_1, D_1。A_1, B_1 即短对角线的顶点，C_1, D_1 在对角线上
(d) 以 A_1, B_1 为圆心，$A_1 1_1$ 为半径，作 $\widehat{1_1 2_1}$, $\widehat{3_1 4_1}$；以 C_1, D_1 为圆心，$C_1 1_1$ 为半径，作 $\widehat{1_1 4_1}$, $\widehat{2_1 3_1}$，连成近似椭圆

图 5-7　平行于坐标面的圆的正等测——近似椭圆的作法

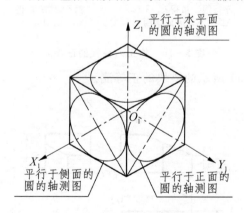

图 5-8　平行于坐标面的圆的正等测

5.2.3　画法举例

用简化系数画物体的正等测，作图很方便。因此，在一般情况下常用正等测来绘制物体的轴测图。尤其当物体上具有平行于两个或 3 个坐标面的圆时，由于正等测椭圆的作图方法较

为简便,因此绘制轴测图时,更适宜选用正等测。

画轴测图的方法有坐标法、切割法和综合法3种。

通常可按如下步骤作出物体的正等测:

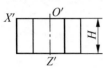

① 对物体进行形体分析,确定坐标轴。

② 作轴测轴,按坐标关系画出物体上的点和线,从而连成物体的正等测。若物体上有平行于坐标面的圆,则用图5-7所示的方法作近似椭圆。

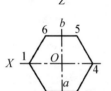

图5-9 正六棱柱的两视图

应该注意:在确定坐标轴和具体作图时,要考虑作图简便,有利于按坐标关系定位和度量,并尽可能减少作图线。

【例题1】 作如图5-9所示的正六棱柱的正等测。

解:

① 形体分析,确定坐标轴。

如图5-9所示,因为正六棱柱的顶面和底面都是处于水平位置的正六边形,所以取顶面的中心O为原点,并确定图中所附加的坐标轴,用坐标法作轴测图。

② 作图过程如图5-10所示。

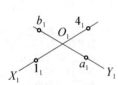 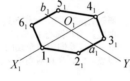

(a) 作轴测轴,先在其上量得1_1、4_1和a_1、b_1

(b) 通过a_1、b_1作X_1轴的平行线,量得2_1、3_1和5_1、6_1,连成顶面

(c) 由点6_1、1_1、2_1、3_1沿Z_1轴量H,得7_1、8_1、9_1、10_1

(d) 连接7_1、8_1、9_1、10_1得到作图结果

图5-10 作正六棱柱的正等测

【例题2】 作如图5-11所示的垫块的正等测。

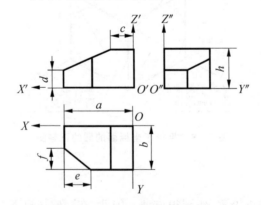

图5-11 垫块的三视图

解：

① 形体分析，确定坐标轴。

由图 5-11 所示的三视图通过形体分析和线面分析可知，垫块是由长方体被一个正垂面切割而成的。所以可先画出长方体的正等测，然后按切割法，把长方体上需要切割掉的部分逐个切去，即可完成垫块的正等测。

为了方便地画出长方体的正等测，先确定图 5-11 中所附加的坐标轴。

② 作图过程如图 5-12 所示。

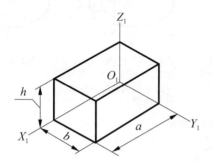

(a) 作轴测轴，按尺寸 a，b，h 画出尚未切割时的长方体的正等测

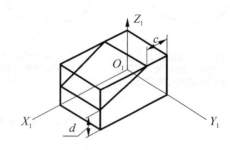

(b) 根据三视图中的尺寸 c 和 d 画出长方形左上角被正垂面切割掉一个三棱柱后的正等测

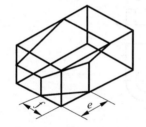

(c) 在长方体被正垂面切割后，再根据三视图中的尺寸 e 和 f 画出左前角被一个铅垂面切割掉三棱柱后的垫块的正等测

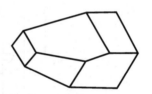

(d) 擦去作图线，加深，得到作图结果

图 5-12　垫块的正等测

【例题 3】 作如图 5-13 所示的轴套的正等测。

解：

① 形体分析，确定坐标轴。

如图 5-13 所示，因为轴套的轴线是铅垂线，顶圆和底圆都是水平圆，所以取顶圆的圆心为原点，确定图中所附加的坐标轴。

可用综合法解题，即先用坐标法作出空心圆柱和顶端的键槽缺口，再用切割法画出整条键槽。

② 作图过程如图 5-14 所示。

【例题 4】 作如图 5-15 所示的支架的正等测。

解：

① 形体分析，确定坐标轴。

如图 5-15 所示，支架由上、下两块板组成。上面一块竖板的顶部是圆柱面，两侧的斜壁与圆柱面相切，中间有一个圆柱通孔。

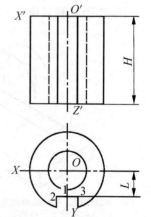

图 5-13　轴套的两视图

下面是一块带圆角的长方形底板,底板的左、右两边都有圆柱通孔。

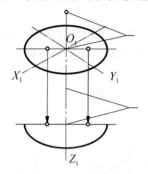
(a) 作轴测图。画顶面的近似椭圆,把连接圆弧的圆心向下移H,作底面近似椭圆的可见部分

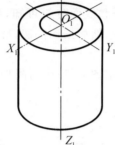
(b) 作与两个椭圆相切的圆柱面轴测投影的转向轮廓线及圆孔

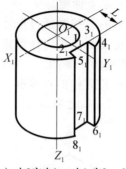
(c) 由L定出1_1;由1_1定2_1,3_1;由2_1,3_1定4_1,5_1。再作平行于轴测轴的各轮廓线,画全键槽

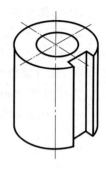
(d) 作图结果

图 5-14 轴套的正等测

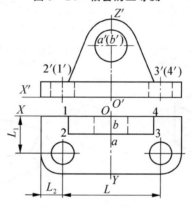

图 5-15 支架的两视图

因支架左右对称,故取后底边的中点为原点,确定图 5-15 中所附加的坐标轴,可用综合法作这个支架的正等测。

② 作图过程如图 5-16 所示。

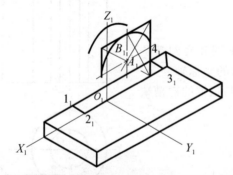
(a) 作轴测图,先画底板的轮廓,画竖板与它的交线$1_1 2_1 3_1 4_1$。确定竖板后孔口的圆心B_1,由B_1定出前孔口的圆心A_1,画出竖板圆柱面顶部的正等测近似椭圆

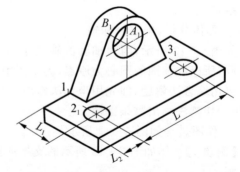
(b) 由1_1,2_1,3_1各点作切线,再作出右上方的公切线和竖板上的圆柱孔,完成竖板的正等测,由L_1,L_2和L确定底板顶面上两圆柱孔口的圆心,作出这两个孔的正等测近似椭圆

图 5-16 支架的正等测

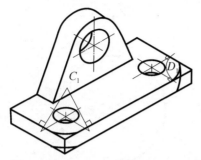
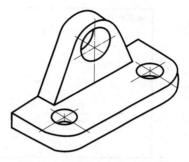

(c) 从底板顶面上角的切点作切线的垂线，交得圆心C_1、D_1，再分别在切点间作圆弧，得顶面圆角的正等测，再作出底面圆角的正等测，最后作右边两圆弧的公切线，完成切割成带两个圆角的底板正等测

(d) 擦去作图线，加深，得到作图结果

图 5-16 支架的正等测(续)

5.3 斜二轴测图

5.3.1 轴间角和各轴向的伸缩系数

如图 5-17 所示，将坐标轴 O_0Z_0 放置成铅垂位置，并使坐标面 $X_0O_0Z_0$ 平行于轴测投影面，当投射方向与 3 个坐标轴都不平行时，则形成正面斜轴测图。在这种情况下，轴测轴 X 和 Z 仍为水平方向和铅垂方向，轴向伸缩系数 $p_1 = r_1 = 1$，物体上平行于坐标面 $X_0O_0Z_0$ 的直线、曲线和平面图形在正面斜轴测图中都反映真长和真形；而轴测轴 Y 的方向和轴向的伸缩系数 q_1，可随着投射方向的变化而变化，当取 $q_1 \neq 1$ 时，即为正面斜二测。

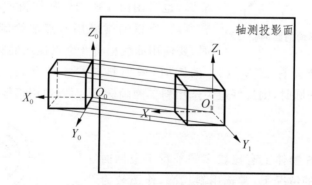

图 5-17 斜二测的形成

本节只介绍一种常用的正面斜二测。如图 5-18(a)所示，将坐标轴 O_0Z_0 和 O_0X_0 放在轴测投影面上，其中 O_0Z_0 轴仍放成铅垂位置，轴测轴 X_1 和 Z_1 都分别与坐标轴重合。通过 O_1（与 O_0 重合）在轴测投影面上作与 O_1Z_1 成 135°夹角的直线，并在其上取 O_0Y_0 坐标轴的一半长度，以此作为轴测轴 Y_1，将 Y_0Y_1 作为投射方向，就可得到这种常用的正面斜二测。

图 5-18(b)表示了这种斜二测的轴间角和各轴向的伸缩系数：$\angle X_1O_1Z_1 = 90°$，$\angle X_1O_1Y_1 = \angle Y_1O_1Z_1 = 135°$；$p_1 = r_1 = 1$，$q_1 = 1/2$。

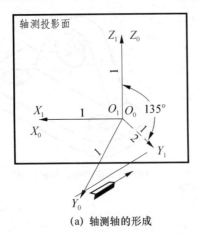
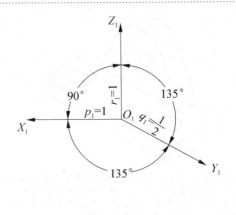

(a) 轴测轴的形成　　　　　　　　(b) 轴间角和各轴向伸缩系数

图 5-18　斜二测的轴测轴

5.3.2　平行于坐标面的圆的斜二测

图 5-19 画出了立方体表面上的 3 个内切圆的斜二测。平行于坐标面 $X_0O_0Z_0$ 的圆的斜二测,仍是大小相同的圆;平行于坐标面 $X_0O_0Y_0$ 和 $Y_0O_0Z_0$ 的圆的斜二测是椭圆。

作平行于坐标面 $X_0O_0Y_0$ 或 $Y_0O_0Z_0$ 的圆的斜二测时,可用八点法作椭圆。图 5-19 中表示了平行于坐标面 $X_0O_0Y_0$ 的圆的斜二测椭圆的画法。同样也可作出平行于坐标面 $Y_0O_0Z_0$ 的圆的斜二测椭圆。

作平行于坐标面 $X_0O_0Y_0$ 或 $Y_0O_0Z_0$ 的圆的斜二测椭圆,也可用由 4 段圆弧相切拼成的近似椭圆,但画法较麻烦,所以通常就用八点法绘制。用八点法绘椭圆时,要使用曲线板将 8 个点连成椭圆,也不是很方便,所以只有当物体平行于坐标面 $X_0O_0Z_0$ 的圆时,采用斜二测才最有利。当有平行于坐标面 $X_0O_0Y_0$ 或 $Y_0O_0Z_0$ 的圆时,则最好避免选用斜二测画椭圆,而以选用正等测为宜。

图 5-19　平行于坐标面的圆的斜二测

5.3.3　画法举例

作轴测投影时,在物体上有比较多的平行于坐标面 $X_1O_1Z_1$ 的圆或曲线的情况下,常选用斜二测,作图较为方便。画物体斜二测的方法和步骤与正等测相同。

【例题 5】　作如图 5-20 所示的圆台的斜二测。

解:

① 形体分析,确定坐标轴。

如图 5-20 所示,这是一个具有同轴圆柱孔的圆台,圆台的前、后端面和孔口都是圆。因此,将前、后端面放成平行于坐标面 $X_1O_1Z_1$ 的位置,作图就很方便。

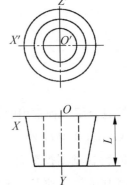

图 5-20　带有圆柱孔的圆台的两视图

取后端的圆心为原点,确定图 5-20 中所附加的坐标轴。

② 作图过程如图 5-21 所示。

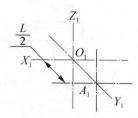

(a) 作轴测轴,并在 Y_1 轴上量取 $L/2$,定出前端面圆的圆心 A_1

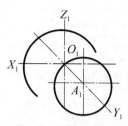

(b) 画出前、后两个端面的斜二测,都仍是反映真形的圆

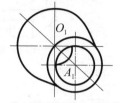

(c) 作两端大圆的公切线以及前、后孔口的可见部分

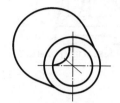

(d) 擦去作图线,加深,得到作图结果

图 5-21 作带有圆柱孔的圆台的斜二测

【**例题 6**】 作如图 5-22 所示组合体的斜二测。

解:

① 形体分析,确定坐标轴。

如图 5-22 所示,组合体由一块底板、一块竖板和一块支撑三角板叠加而成。为作图方便起见,可先画出底板,再画竖板,最后画支撑三角板。取底板左前方为原点,确定图 5-22 中所附加的坐标轴。

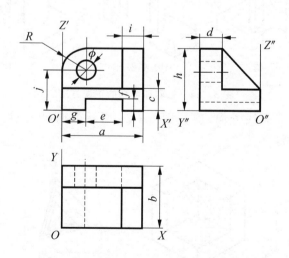

图 5-22 组合体的三视图附加的坐标轴

② 作图过程如图 5-23 所示。

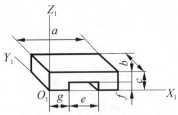 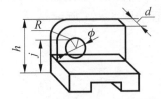

(a) 按三视图中确定的轴测轴，由三视图中所标注的尺寸 a,b,c 画出底板，由尺寸 e,f,g 画出底部的通槽

(b) 由尺寸 d,h 和 R,j 在底板的后上方画出竖板，由尺寸 ϕ 画出竖板上的圆柱通孔

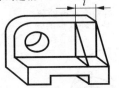 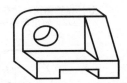

(c) 由尺寸 i 在竖板和底板的右端画出支撑三角板

(d) 擦去作图线，加深，得到作图结果

图 5-23　作组合体的斜二测

5.4　轴测剖视图的画法

5.4.1　轴测图的剖切方法

在轴测图上为了表达零件内部的结构形状，同样可假想用剖切平面将零件的一部分剖去，这种剖切后的轴测图称为轴测剖视图。一般用两个互相垂直的轴测坐标面（或其平行面）进行剖切，能较完整地显示该零件的内、外形状（见图 5-24(a)）。尽量避免用一个剖切平面剖切整个零件（见图 5-24(b)）和选择不正确的剖切位置（见图 5-24(c)）。

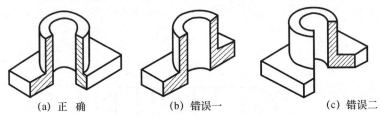

(a) 正确　　　　　(b) 错误一　　　　　(c) 错误二

图 5-24　轴测图剖切的正误方法

轴测剖视图中的剖面线方向，应按图 5-25 所示方向画出，正等测见图 5-25(a)，图 5-25(b) 则为斜二测。

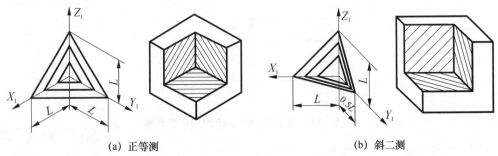

(a) 正等测　　　　　　　　(b) 斜二测

图 5-25　轴测剖视图中的剖面线方向

5.4.2 轴测剖视图的画法

轴测剖视图一般有以下两种画法：

① 先把物体完整的轴测外形图画出，然后沿轴测轴方向用剖切平面将它剖开。如图 5-26(a)所示的底座，要求画出它的正等轴测剖视图。先画出它的外形轮廓，见图 5-26(b)，然后沿 X_1,Y_1 轴向分别画出其剖面形状，擦去被剖切掉的四分之一部分轮廓，再补画上剖切后下部孔的轴测投影，并画上剖面线，即完成该底座的轴测剖视图(见图 5-26(c))。

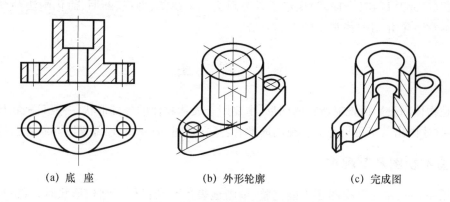

(a) 底　座　　　　(b) 外形轮廓　　　　(c) 完成图

图 5-26　轴测剖视图画法(1)

② 先画出剖面的轴测投影，再画出剖面外部看得见的轮廓，这样可减少很多不必要的作图线，使作图更为迅速。如图 5-27(a)所示的端盖，要求画出它的斜二轴测剖视图。由于该端盖的轴线处在正垂线位置，因此采用通过该轴线的水平面及侧平面将其左上方剖切掉四分之一。先分别画出水平剖切平面及侧平剖切平面剖切所得剖面的斜二测，见图 5-27(b)，用点画线确定前后各表面上各个圆的圆心位置。然后再过各圆心作出各表面上未被剖切的四分之三部分的圆弧，并画上剖面线，即完成该端盖的轴测剖视图(见图 5-27(c))。

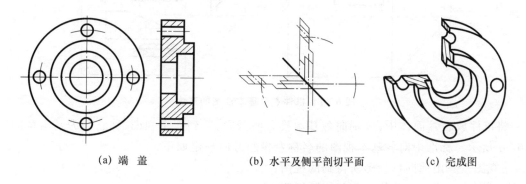

(a) 端　盖　　　　(b) 水平及侧平剖切平面　　　　(c) 完成图

图 5-27　轴测剖视图画法(2)

第 6 章　机件常用的表达方法

在生产实际中,当机件的形状和结构比较复杂时,如果仍用前面所讲的三视图,就难以把它们的内外形状准确、完整、清晰地表达出来。为了满足这些要求,国家标准《机械制图》中的"图样画法"(GB/T 17451—1998)规定了各种画法——视图、剖视、断面、简化画法和其他规定画法等。本章着重介绍一些常用的表达方法。

6.1　视　图

视图是物体向投影面投射所得的图形,主要用于表达物体的外部形状,一般只画物体的可见部分,必要时才画出其不可见部分。视图通常有:基本视图、向视图、局部视图和斜视图等4种。

6.1.1　基本视图及其配置

当采用主、俯、左3个视图还不能完整、清晰地表达复杂机件的结构形状时,可根据国标规定(见图6-1)在原有3个投影面的基础上,对应的增设3个投影面,这样由6个投影面构成一个正六面体,称该六面体的每个面为基本投影面。

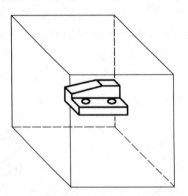
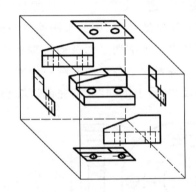

图 6-1　机件 6 个基本视图的产生

将机件放在六面体中,分别向各基本投影面投影,得到 6 个视图,称它们为基本视图,如图 6-1 所示。标准中对各基本视图的名称及投影方向规定如下:

主视图——由前向后投影所得到的视图;
俯视图——由上向下投影所得到的视图;
左视图——由左向右投影所得到的视图;
右视图——由右向左投影所得到的视图;
仰视图——由下向上投影所得到的视图;
后视图——由后向前投影所得到的视图。

为了把机件的 6 个基本视图展平在同一个平面上,展开时令正投影面保持不动,其余各投影面按图 6-2 中的箭头方向旋转到与正投影面为同一平面。

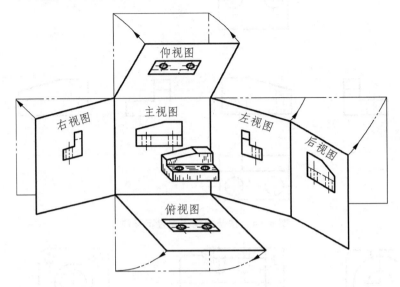

图 6-2 6 个基本投影面的展开

展开后,各基本视图的配置关系如图 6-3 所示,且各视图之间保持"长对正、高平齐、宽相等"的投影关系。

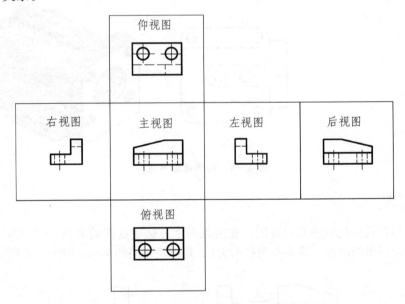

图 6-3 各基本视图的配置关系

在同一张图纸内,按图 6-3 所示配置各基本视图时,一律不标注视图的名称,如图 6-4 所示。

对于同一物体,选取哪几个视图,要根据它的形状特点而定。选用基本视图时一般优先选用主、俯、左视图。但图 6-5 所示的阀体左右两端形状不同,当只选用主、俯、左 3 个基本视图表达时,在左视图中就会出现许多表示阀体右端外形结构的虚线,既影响了图形清晰性,又会造成标注尺寸的困难。为此,增画一个右视图,就能清晰地表达阀体右端的形状结构了。

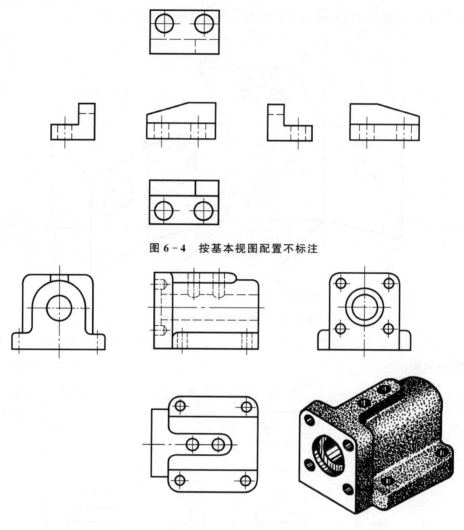

图 6-4　按基本视图配置不标注

图 6-5　阀体视图表达

6.1.2　向视图

向视图是可以自由配置的基本视图。在向视图上方标注视图的名称"×"("×"为大写拉丁字母),并在相应视图的附近用箭头指明投射方向,并标注相同的字母,如图 6-6 所示。

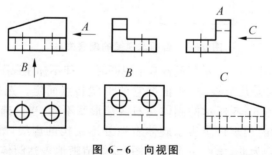

图 6-6　向视图

6.1.3 局部视图

将物体的某一部分向基本投影面投射所得的视图称为局部视图。局部视图的断裂边界用波浪线或双折线表示。局部视图可以按基本视图的配置形式配置,也可以按向视图的配置形式配置和标注,如图 6-7、图 6-8 所示。

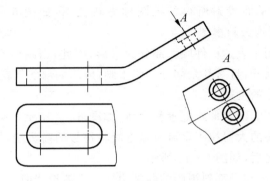

图 6-7 局部视图及斜视图

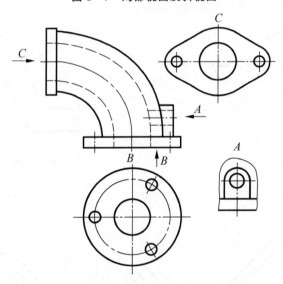

图 6-8 局部视图

画局部视图时的注意事项如下:

① 一般应在局部视图上方标出表示视图名称的字母;在相应的视图附近用箭头指明投射方向,并注上同样的字母。

② 当局部视图按投影关系配置,中间又没有其他图形隔开时,可省略标注,如图 6-7 中的俯视图及图 6-8 中的 C 和带字母的箭头均可省略;也可画在图纸内的其他地方,如图 6-8 中的 A 向视图。

③ 局部视图的断裂边界用波浪线或双折线表示,但当所表示的局部结构是完整的,其外轮廓线又成封闭时,波浪线或双折线可省略不画,如图 6-8 所示的 B、C 向视图。

6.1.4 斜视图

当物体上有不平行于基本投影面的倾斜结构时,基本视图均无法表达这部分的真实形状,给画图、看图和标注尺寸都带来不便。为了表达该结构的实形,可选用一个与倾斜结构的主要平面平行的辅助投影面,将这部分向该投影面投射,便得到了倾斜部分的实形。这种将物体向不平行于基本投影面的平面投射所得的视图称为斜视图,如图 6-7 所示的 A 向视图和图 6-9 所示的 A 向视图均为斜视图。

由于斜视图主要是用于表达机件倾斜部分的实形,因此,当画出倾斜部分实形后,用波浪线或双折线与其余部分断开,且对其余部分省略不画,成为局部的斜视图。同样在相应的基本视图中也可省去倾斜部分的投影。

斜视图通常按向视图的配置形式配置和标注,如图 6-9 所示。必要时,允许将斜视图旋转配置。表示该视图名称的大写拉丁字母应靠近旋转符号的箭头端,如图 6-10 所示;也允许将旋转角度标注在字母之后,如图 6-11 所示。

需要注意:画局部视图和局部斜视图的断裂边界——波浪线时,该线应画在机件实体的可见表面轮廓内,而"中空处"不应画波浪线,如图 6-12 所示。

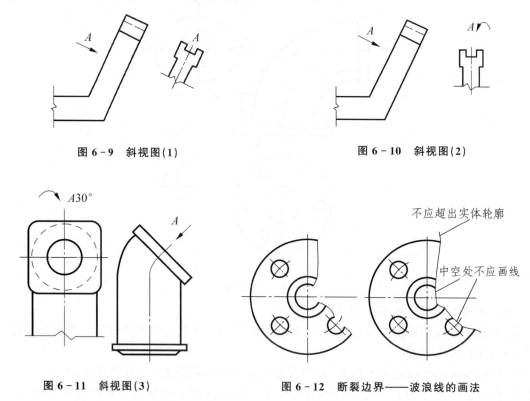

图 6-9 斜视图(1)

图 6-10 斜视图(2)

图 6-11 斜视图(3)

图 6-12 断裂边界——波浪线的画法

6.2 剖视图

当物体的内部形状较复杂时,视图上就会出现很多虚线,这样既不利于看图,又不便于尺寸标注;为了清晰地表达物体的内部形状,国家标准规定采用剖视图表达物体的内部形状。

6.2.1 剖视图的概念

1. 剖视图

假想用剖切面剖开物体,将处在观察者与剖切面之间的部分移去,而将其余部分向投影面投射所得的图形称为剖视图,如图6-13所示。剖视图可简称为剖视。

将图6-13(a)中的视图与剖视图相比较,可以看出,主视图采用了剖视图,原来不可见的部分变成了可见,视图中的虚线变成了剖视图中的实线,加上剖面线的作用,使图形更有层次感。又由于主视图后面的两条虚线省略,因此图形显得更清晰。

2. 剖视图的画法

(1) 确定剖切面的位置

剖切面是指剖切物体的假想平面或曲面。

画剖视图时,首先要考虑在什么位置剖开机件才能确切地表达机件内部结构的真实形状。为此,所选剖切平面一般应与某投影面平行,并应通过物体内部孔、槽的轴线或对称面。剖切面可以是平面或圆柱面,用得最多的是平面。在图6-13中,选取了平行于正面且通过对称中心线的平面为剖切面。

(2) 画剖视图投影

移去机件上处在剖切面与观察者之间的那一部分,将其余部分向选定的投影面投影。对所得剖视图的轮廓线用粗实线画出,如图6-13(b)所示。

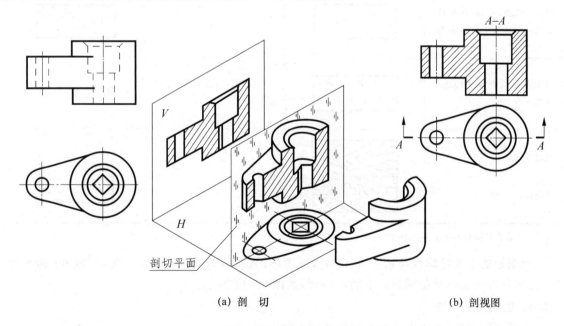

(a) 剖　切　　　　　　　　　　　　(b) 剖视图

图 6-13　剖视图的概念

(3) 画剖面符号

在剖视图中,剖切到的断面部分称为剖面。在剖面上应画出剖面符号,以便区别出机件的实体和空心部分。对于各种不同的材料,国家标准规定采用不同的剖面符号,如表6-1所列。机械中采用得最多的材料是金属,它的剖面符号为与水平方向成45°、间隔均匀的细实线,向左或向右倾斜都可以,通常称为剖面线,如图6-13(b)所示。

表6-1 剖面符号

材　料	剖面符号	材　料	剖面符号
金属材料(已有规定符号者除外)	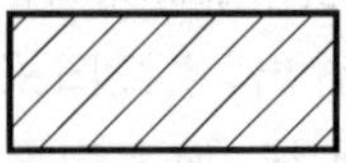	木质胶合板(不分层数)	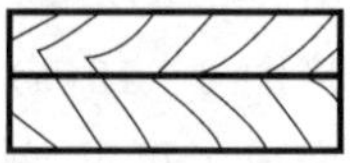
线圈绕组元件	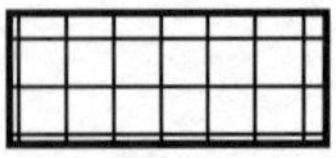	基础周围的泥土	
转子、电枢、变压器和电抗器等的叠钢片	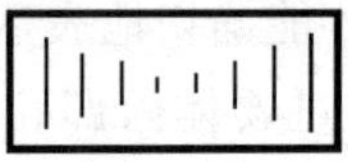	混凝土	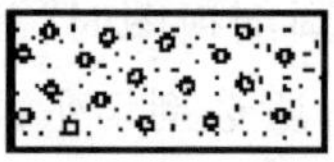
非金属材料(已有规定符号者除外)	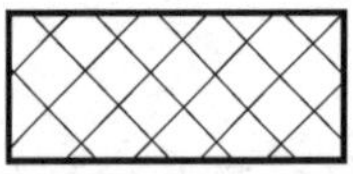	钢筋混凝土	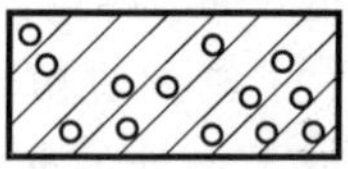
型砂、填砂、粉末冶金、砂轮、陶瓷、硬质合金、刀片等	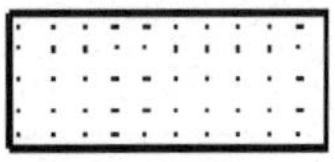	砖	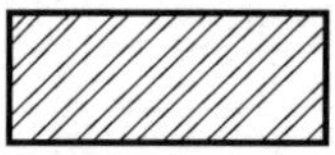
玻璃及其他观察用的透明材料	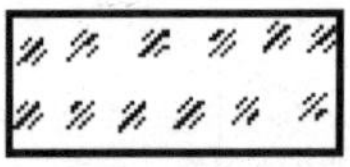	格网(筛网、过滤网等)木材纵剖面	
木材纵剖面 横剖面		液体	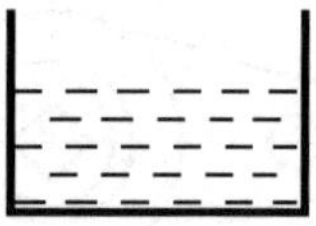

注:本表符号摘自 GB/T 17452—1998。

当图形的主要轮廓线与水平成45°时,该图形的剖面线应画成与水平成30°或60°的平行线,其倾斜方向仍与其他图形的剖面线一致,如图6-14所示。

3. 剖视图的标注

为了方便看图,剖视图一般需要标注,标注内容如下。

(1) 剖切符号

剖切符号为指示剖切面起、迄和转折位置(用粗短划表示,见 GB/T 17450—1998)及投射方向(用箭头或粗短划表示)的符号。剖切符号尽可能不与轮廓线相交,在剖切符号的起、迄和转折处应用相同的字母标出,位置不够时转折处的字母可以省略。

（2）剖视图的名称

在剖视图的上方用"X-X"标出剖视图的名称。

"X"为大写拉丁字母或阿拉伯数字，且"X"应与剖切符号上的字母或数字相同。

（3）省略标注

当剖视图处于主、俯、左等基本视图的位置，且剖视图按投影关系配置，中间又没有其他的视图隔开时，可省略箭头（如图6-13(b)所示的标注可以省略箭头）；当单一剖切平面通过对称平面或基本对称的平面，且剖视图按投影关系配置，中间又没有其他的图形隔开时，可不加任何标注，如图6-13(b)所示的标注可以全部省略，在图6-15中所有图例的标注都省略了。

4．画剖视图的注意事项

① 因为剖切是假想的，实际上物体并没有被剖开，所以除剖视图本身外，其余的视图应画成完整的图形。

② 为了使剖视图上不出现多余的截交线，选择的剖切平面应通过物体的对称平面或回转中心线。

③ 剖视图中一般不画虚线，但当画少量的虚线可以减少某个视图，而又不影响剖视图的清晰性时，也可以画这种虚线。

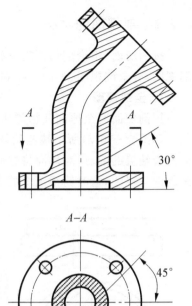

图6-14 剖面线的画法

④ 在剖视图中，剖切平面后面的可见轮廓线都应画出，不能遗漏，如图6-15所示。

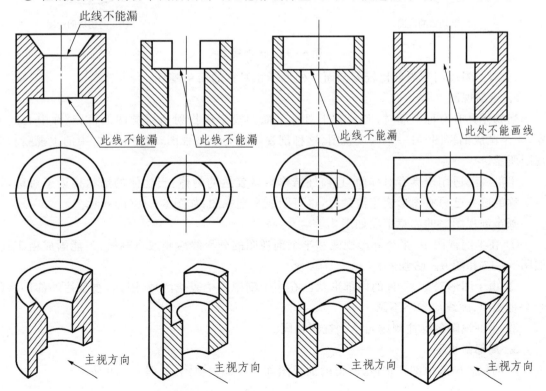

图6-15 剖视图中容易漏画线的图形

6.2.2 剖视图的种类

按剖切面(不论剖切面的形状和数量)剖开机件的范围,也就是按剖视占视图的范围划分剖视图,有全剖视图、半剖视图和局部剖视图3种,现分述如下。

1. 全剖视图

用剖切面完全地剖开物体所得的剖视图称为全剖视图。

如图6-16(a)所示端盖的外形比较简单,内部比较复杂,且前后对称,假想用一个剖切平面沿着端盖的前、后对称面将它完全剖开,移去前半部分,将其余部分向正面进行投射,便得到全剖的主视图,这时俯视图中的虚线可以省略,如图6-16(b)所示。

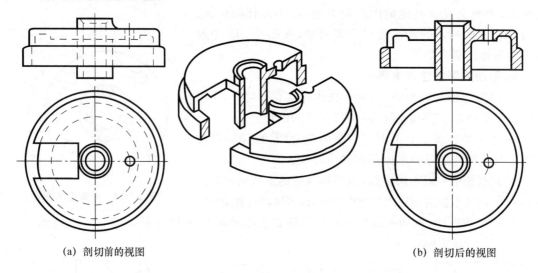

(a) 剖切前的视图　　　　　　　　　　(b) 剖切后的视图

图 6-16　全剖视图

全剖视图适用于内部比较复杂而且外形不相对称的简单零件。

2. 半剖视图

当物体具有对称平面时,向垂直于对称平面的投影面投射所得的图形,以对称中心线为界,一半画成剖视图,另一半画成视图,这种剖视图称为半剖视图,如图6-17中的主视图和俯视图所示。

半剖视图适用于具有对称面、且内外结构均需表达的物体,当物体的形状接近于对称,且不对称的部分已另有图形表达清楚时,也可画成半剖视图,如图6-18(b)所示。

画半剖视图时的注意事项如下:

① 在半剖视图中,半个外形视图和半个剖视图的分界线应画成点画线,不能画成粗实线,如图6-17和图6-18所示。

② 由于图形对称,零件的内部形状已在半个剖视图中表达清楚,因此,在表达外部形状的半个视图中,虚线应省略不画。

③ 半剖视图的标注规则与全剖视图相同。

3. 局部剖视图

用剖切面局部地剖开物体,所得的剖视图称为局部剖视图,如图6-19所示。

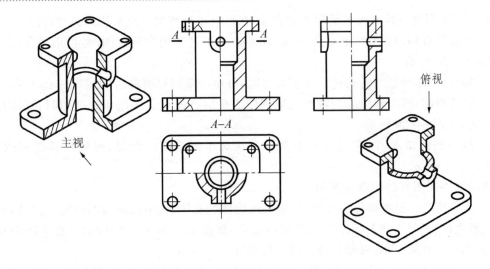

图 6-17 半剖视图(1)

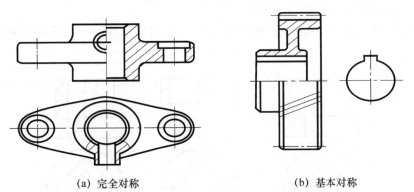

(a) 完全对称　　　　　　　(b) 基本对称

图 6-18 半剖视图(2)

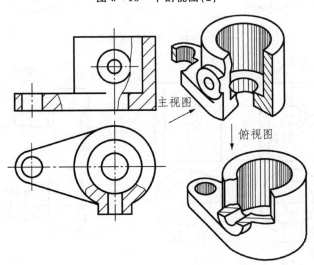

图 6-19 局部剖视图(1)

局部剖视图是一种比较灵活的表达方法，在以下4种情况下宜采用局部剖视图：

① 物体只有局部内部形状需要表达，而不必或不宜采用全剖视图时，可用局部剖视图表达，如图6-20所示。

② 物体内、外形状均需表达而又不对称时，可用局部剖视图表达，如图6-19所示。

③ 物体对称，但当轮廓线与对称线或图中心线重合而不宜采用半剖视图时，可用局部剖视图表达，如图6-20所示。

④ 剖中剖的情况，即在剖视图中再作一次简单剖视图的情况，可用局部剖视图表达，如图6-22(b)所示。

画局部剖视图时的注意事项如下：

① 区分视图与剖视部分的波浪线，应画在物体的实体上，不应超出图形轮廓之外，也不应画入孔槽之内，而且不能与图形上的轮廓线重合，如图6-21(a)、(b)所示。也可以用双折线表示，如图6-20所示，此时双折线需超出图形外3～5 mm。

② 被剖切的局部结构为回转体时，允许将该结构的轴线作为剖视与视图的分界线，如图6-22(a)的俯视图所示为局部剖视图。

③ 局部剖视图的标注方法与全剖视图相同，对于剖切位置明显的局部剖视图，一般可省略标注。

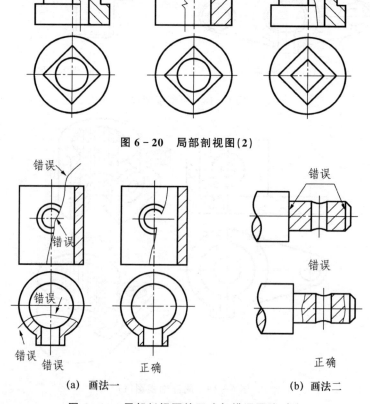

图6-20　局部剖视图(2)

(a) 画法一　　　　　　　　　　(b) 画法二

图6-21　局部剖视图的正确与错误画法对比

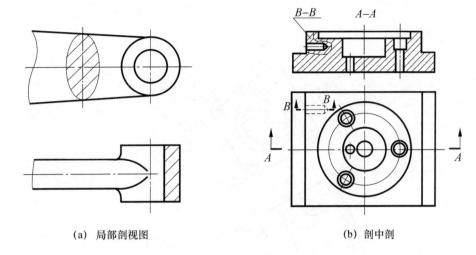

(a) 局部剖视图　　　　　(b) 剖中剖

图 6-22　局部剖视图特例

6.2.3　剖切面与剖切方法

1. 用单一剖切面剖切

(1) 用平行于某一基本投影面的平面剖切

前面所讲的全剖视图、半剖视图和局部剖视图,都是用平行于某一基本投影面的剖切平面剖开机件后所得出的,这些都是最常用的剖视图。

(2) 用不平行于某一基本投影面的平面剖切

用不平行于任何基本投影面的剖切平面剖开机件的方法称为斜剖,如图 6-23 中的 $A-A$ 所示。

画斜剖视图时的注意事项如下:

① 斜剖视图必须注出剖切符号、投射方向和剖视图名称。

② 为了看图方便,斜视图最好配置在箭头所指方向上,并与基本视图保持对应的投影关系。为了合理利用图纸,也可将图形旋转画出,但必须标注旋转符号"⌒",如图 6-23 所示。

2. 用几个剖切平面剖切

(1) 用交线垂直于某一投影面的两相交剖切平面剖切

用两个相交的剖切平面(交线垂直于某一基本投影面)剖开机件的方法称为旋转剖。

采用这种方法画剖视图时,先假想按剖切位置剖开物体,然后将被剖切平面剖开的结构及其有关部分旋转到与选定的投影面平行,再进行投射,如图 6-24 所示。

旋转剖一般用来表达盘类、端盖类等具有回转轴线的物体,也可以用来表达具有公共回转轴线的非回转体物体,如图 6-25 所示的摇杆就是采用旋转剖来表达的。

画旋转剖视图时的注意事项如下:

① 必须标注出剖切位置,在它的起、迄和转折处标注字母"X",在剖切符号两端画出表示剖切后的投影方向的箭头,并在剖视图上方注明剖视图的名称"$X-X$";但当转折处位置有限又不致引起误解时,允许省略标注转折处的字母,如图 6-25 所示转折处的字母 A 可以省略。

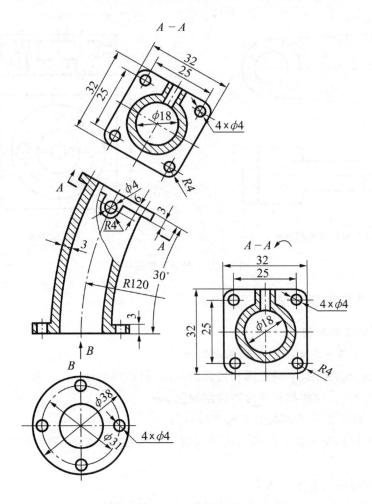

图 6-23 斜剖视图

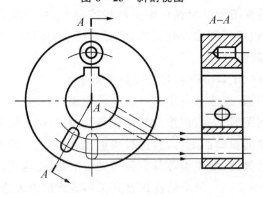

图 6-24 旋转剖视图的画法

② 处在剖切平面后面的其他结构要素,一般仍按原来的位置画它的投影,如图 6-25 所示的俯视图中小孔的投影仍按原来的位置画出。

③ 当剖切后物体上产生不完整的要素时,应将此部分按不剖绘制,如图 6-26 所示物体的臂,仍按未剖时的投影画出。

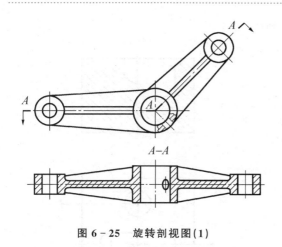

图 6-25 旋转剖视图(1)

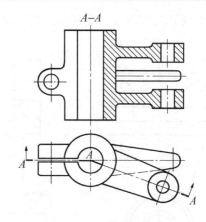

图 6-26 旋转剖视图(2)

(2) 用几个平行的剖切平面剖切

用几个平行的剖切平面剖开机件的方法称为阶梯剖。

阶梯剖适用于当物体上孔或槽的轴线或中心线处在两个或多个相互平行的平面内时,如图 6-27 所示的主视图,是采用阶梯剖的方法画出的全剖视图。

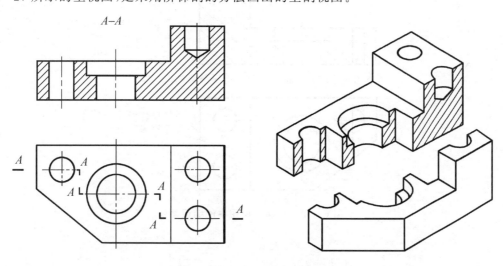

图 6-27 阶梯剖视图的画法

画阶梯剖视图时的注意事项如下:

① 阶梯剖视图必须标注,标注方法见图 6-28,但应注意,剖切符号在转折处不允许与图上的轮廓线重合。当在转折处的位置有限,且不致引起误解时,可以不注字母。

② 在阶梯剖视图中,不允许出现物体的不完整要素,只有当两个要素在剖视图中具有公共对称轴线时,才能各画一半,如图 6-29 所示。

③ 不应在剖视图中画出各剖切平面的分界线,如图 6-30 所示的画法是错误的,应引起注意。

(3) 用组合的剖切面剖切

用组合的平面剖切物体的剖切方法称为复合剖。

当物体形状较复杂,用上述规定的剖切方法都无法满足要求时,可以把上述若干种剖切方法综合起来使用,如图 6-31 所示。采用这种方法画剖视图时,可采用展开画法,此时应标注

"X-X 展开",如图 6-32 所示为复合剖的展开画法。

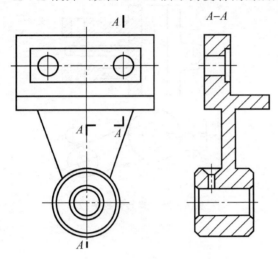

图 6-28 阶梯剖视图(1)

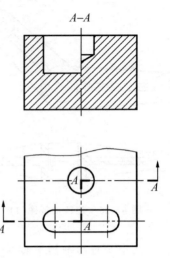

图 6-29 阶梯剖视图(2)

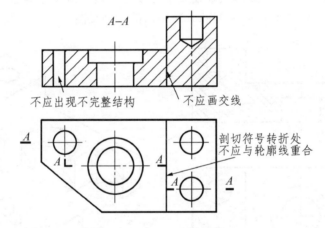

图 6-30 阶梯剖视图中的错误画法

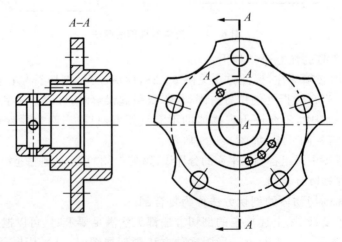

图 6-31 复合剖视图的画法

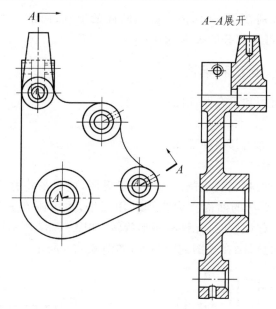

图 6-32 复合剖视图展开的画法

6.3 断面图

如图 6-33 所示,轴的左端有一个键槽,当采用主、左视图表达时,主视图中表明了键槽的形状和位置;左视图中用虚线表示了键槽的深度,但图形很不清晰,因此常采用断面图来表明机件上某些结构的断面形状,既可以使图形清晰,又便于尺寸标注。

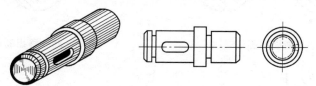

图 6-33 轴的视图表示

6.3.1 断面图的基本概念

假想用剖切面将物体的某处切断,仅画出断面的图形,那么这个图形称为断面图,也可简称为断面。如图 6-34(a)所示,假想在键槽处用一个垂直于轴线的剖切平面将轴切断,然后求出剖切平面与轴的截交线(即断面的轮廓线),并画出剖面符号,这样画出的图形就是断面图,如图 6-34(b)所示。

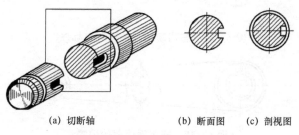

(a) 切断轴　　　　(b) 断面图　　(c) 剖视图

图 6-34 轴的断面图及剖视图

断面图和剖视图的区别在于：断面图只画出断面的形状，而剖视图除了画出断面的形状外，还要画出断面后其余可见部分的投影，如图6-34(c)所示。

6.3.2 断面图的种类、画法和标注

断面图分为移出断面图和重合断面图两种。

1. 移出断面图

画在视图外的断面图称为移出断面图。

（1）移出断面图的画法

移出断面图的轮廓线用粗实线绘制。为了便于看图，应尽量将移出断面配置在剖切位置的延长线上，如图6-35所示的断面。为合理利用图纸，也可画在其他位置，如图6-36和图6-37所示。在不致引起误解时，允许将图形旋转，如图6-37所示的$B-B$和$D-D$断面。

当断面图形对称时，也可画在视图的中断处，如图6-38所示。

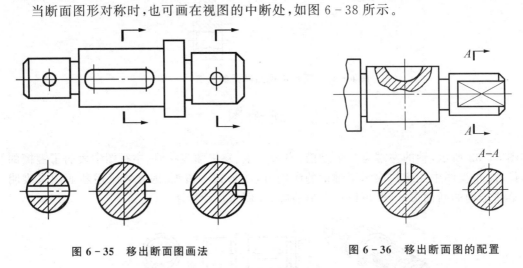

图6-35 移出断面图画法　　　　图6-36 移出断面图的配置

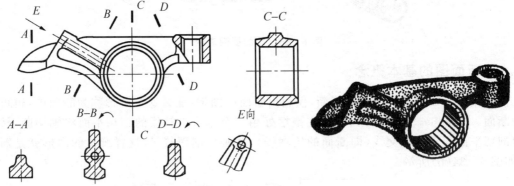

图6-37 移出断面图的配置与标注

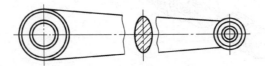

图6-38 移出断面图的配置

为了表达断面的实形,剖切平面一般应与被剖切部分的主要轮廓线垂直,如图 6-39 所示的物体,可用两个相交平面来剖切,此时两断面应断开画出。

当剖切平面通过由回转面形成的孔或凹坑的轴线时,这些结构按剖视图绘制,如图 6-40 和图 6-41 所示;当剖切平面通过非圆孔,会导致出现完全分离的两个断面时,这些结构也应按剖视图绘制,如图 6-42 所示。

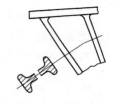

图 6-39 断面画法(1)

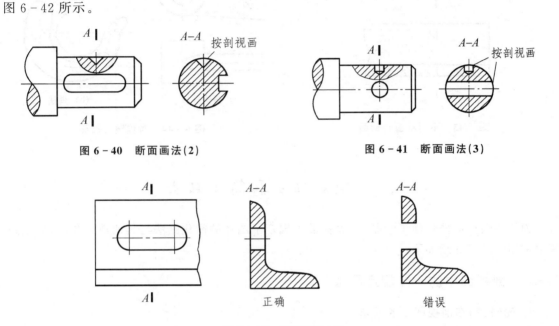

图 6-40 断面画法(2)   图 6-41 断面画法(3)

图 6-42 断面画法(4)

(2) 移出断面的标注

① 移出断面一般用剖切符号表示剖切位置,用箭头表示投影方向,并注上字母,在断面图的上方应用同样的字母标出相应的名称"$X-X$",如图 6-36 所示的 $A-A$ 断面。

② 配置在剖切符号延长线上的不对称移出断面,可省略字母,如图 6-35 所示。

③ 配置在剖切平面迹线延长线上的对称移出断面,见图 6-35、图 6-36 和图 6-39 中,以及配置在视图中断处的对称移出断面,见图 6-38,均不必标注。

④ 不配置在剖切符号延长线的对称移出断面,如图 6-41 所示的 $A-A$ 断面,以及按投影关系配置的不对称移出断面,如图 6-40 所示的 $A-A$ 断面,均可省略箭头。

⑤ 倾斜的断面图旋转画出时,应在断面图上方,字母后加旋转符号"⌒",如图 6-37 所示。

2. 重合断面图

画在视图内的断面称为重合断面图。

(1) 重合断面图的画法

重合断面的轮廓线用细实线绘制。当视图中的轮廓线与重合断面的轮廓线重叠时,仍应将视图中的轮廓线完整画出,不可间断,如图 6-43、图 6-44(b)所示。

重合断面适用于断面形状简单,且不影响图形清晰性的场合。

(2) 重合断面的标注
① 配置在剖切符号上的不对称重合剖面,不必标注字母,如图 6-43 所示。
② 对称的重合剖面不必标注,如图 6-44 所示。

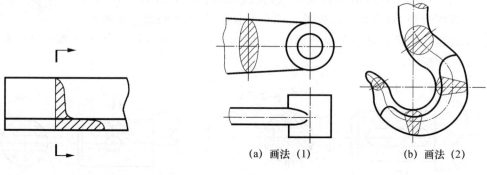

图 6-43 不对称重合剖面

(a) 画法 (1)　　(b) 画法 (2)

图 6-44 对称重合剖面

6.4　规定画法和简化画法

为了使图形简洁且便于绘制,国家标准中规定了图样的简化画法与其他规定画法,现摘录其中常用的几条介绍如下。

6.4.1　剖视图中的一些规定画法

1. 轮辐、肋在剖视图中的画法

对于机件的肋、轮辐及薄壁等,如按纵向剖切,即剖切平面通过其厚度方向的对称平面进行剖切时,这些结构都不画剖面符号(剖面线),而用粗实线将它与其邻接部分分开,如图 6-45 所示。

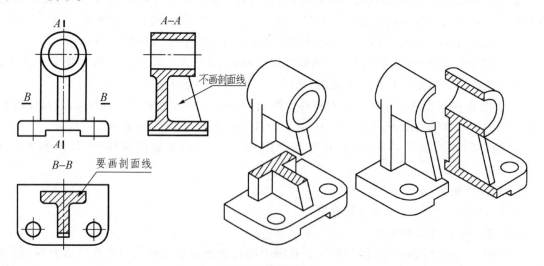

图 6-45　肋的画法

当剖切平面垂直于轮辐和肋的对称平面或轴线(即横向剖切)时,轮辐和肋仍要画上剖面符号。如图 6-45 所示的俯视图中,肋板仍应画上剖面线。

2. 均匀分布的结构要素在剖视图中的画法

当回转体上均匀分布的肋、轮辐、孔等结构不处于剖切平面上时,可将这些结构旋转到剖切平面上画出,如图 6-46、图 6-47 和图 6-48 所示。

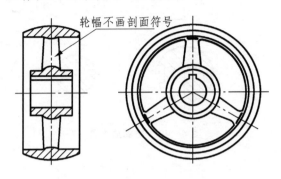

图 6-46 轮辐的画法

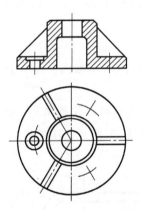

图 47 均布结构的画法(1)

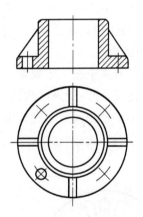

图 48 均布结构的画法(2)

3. 局部放大图

当物体上某些细小结构在视图上表示不清楚或标注有困难时,可以把这部分按一定的比例放大,再画出它们的图形。这种用大于原图形所采用的比例画出的图形,称为局部放大图,如图 6-49 所示。

局部放大图可以画成视图、剖视图或断面图,它与被放大部分的表达方式无关。画图时一般要用细实线圆在视图上标明被放大的部位;在放大图上方注明放大图的比例。

当图上有多处部位放大时,必须用罗马数字依次标明被放大的部位,并在局部放大图的上方标出相应的罗马数字和所采用的比例,如图 6-49 所示。

局部放大图应尽量配置在被放大部位的附近。

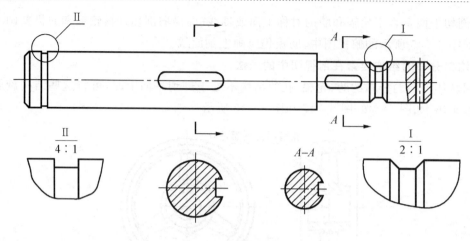

图 6-49 局部放大图

6.4.2 简化画法

简化画法(GB/T 16675.1—1996)必须保证不致引起误解和不会产生理解的多样性,应力求制图简便,便于识图和绘制,注重简化的综合效果。

1. 相同结构

当物体具有多个按一定规律分布的相同结构(齿、槽等)时,只需画出几个完整的结构,其余用细实线连接,并注明该结构的总数,如图 6-50 所示。

对于若干直径相同且成规律分布的孔(圆孔、螺孔、沉孔等),可以仅画出一个或少量几个,其余只需用细点画线或"⊕"表示其中心位置,并注明孔的总数,如图 6-51 所示。

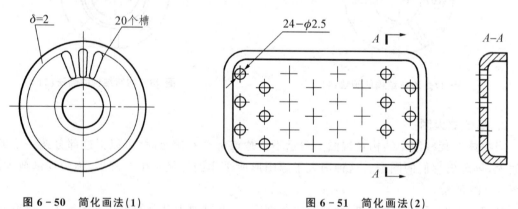

图 6-50 简化画法(1)　　　　图 6-51 简化画法(2)

2. 网状物、编织物或物体上的滚花

网状物、编织物或物体上的滚花,可在轮廓线附近用细实线示意画出,并在零件图或技术要求中注明这些结构的具体要求,如图 6-52 所示。

3. 不能充分表达的平面

当图形不能充分表达平面时,可用平面符号(相交两细实线)表示,如图 6-53 所示。

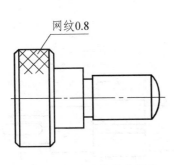

图 6-52 网纹的简化画法

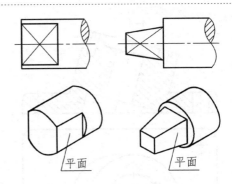

图 6-53 平面的简化画法

4. 法兰盘上的孔

圆柱形法兰盘和与其类似的物体上均匀分布的孔,可按图 6-54 所示的方法绘制出。

5. 对称图形

当图形对称时,在不致引起误解的前提下,可只画视图的一半或四分之一,并在对称中心线的两端画出两条与其垂直的平行细实线,如图 6-55 所示。

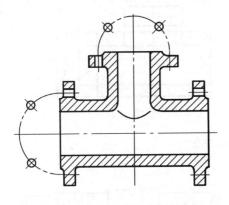

图 6-54 法兰盘上均布的孔

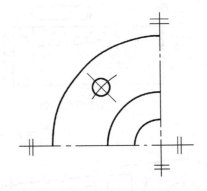

图 6-55 对称图形的简化画法

6. 圆投影为椭圆

与投影面倾斜的角度小于或等于 30°的圆或圆弧,可用圆或圆弧来代替其在投影面上的投影——椭圆或椭圆弧,如图 6-56 所示。

7. 剖面符号

在不致引起误解时,物体的移出断面允许省略剖面符号,但剖切位置和断面图的标注必须符合规定,如图 6-57 所示。

8. 局部视图

物体上对称结构的局部视图,可按图 6-58 所示的方法绘制。

9. 折断画法

较长的物体(轴、杆、型材、连杆等)沿长度方向的形状一致或按一定规律变化时,可断开后缩短绘制。断开后的尺寸仍应按实际长度标注,断裂处用波浪线绘制,如图 6-59、图 6-60 所示,也可以按图 6-58(a)所示画出。

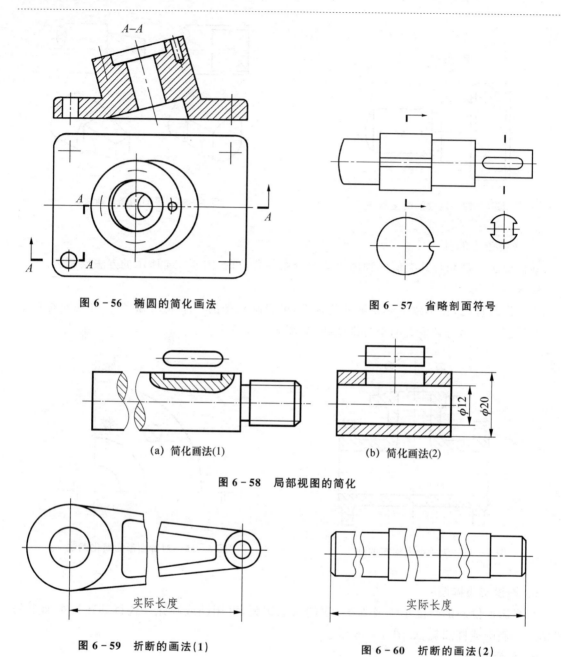

图 6-56 椭圆的简化画法　　　图 6-57 省略剖面符号

(a) 简化画法(1)　　　(b) 简化画法(2)

图 6-58 局部视图的简化

图 6-59 折断的画法(1)　　　图 6-60 折断的画法(2)

6.5 综合应用举例

前面介绍了表达机件形状结构的各种方法——视图、剖视、断面、简化画法和其他规定画法等。在实际绘图中,对于某具体的机件应选用哪些画法,则需根据机件的结构形状进行具体分析。在选用时,要注意使所选用的每种方法都有明确的目的和表达内容,注意各表达方法间的相互联系,以便于读图和画图。下面举例说明表达的综合应用。

【例题 1】 确定图 6-61(a)所示阀体的视图表达方案。

阀体的形体结构大致可分成Ⅰ,Ⅱ,Ⅲ,Ⅳ,Ⅴ 5 部分,阀体的内、外结构形状多为回转体,其大小和相对位置比较复杂。图 6-61(b)是阀体的一种表达方案。以图 6-61(a)中的箭头方向作为主视图的观察方向,为了清楚地表明阀体内通道的全貌,主视图采用了 $A-A$ 旋转剖的全剖视图,俯视图选用 $B-B$ 阶梯剖的全剖视图,$C-C$ 剖视图表示阀体左上部凸缘的形状和孔的分布情况,D 向的斜视图可以表明右中部菱形凸缘的真实形状、阀体顶端凸缘的真实形状、阀体顶端凸缘上通孔的分布,采用了简化画法表示。显然左视图是没有必要的。

综合分析阀体的表达方案可知,依据阀体结构形状的特点,适当地选用各种表达方法,经分析、比较,可以确定出较好的表达方案。

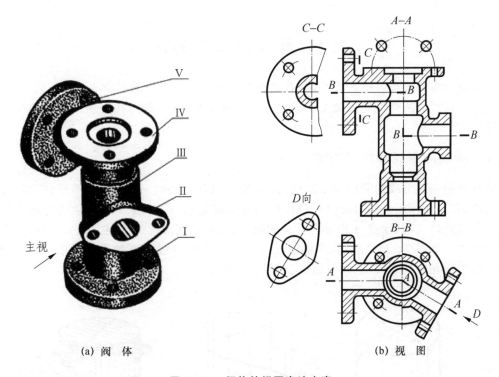

图 6-61 阀体的视图表达方案

第7章 标准件与常用件

在各种机器和设备中被广泛应用的螺栓、螺母、齿轮、弹簧、滚动轴承、键、销等机件称为常用件,其中有些常用件的结构已经标准化,如螺纹制件、键、销等连接件,称为标准件。标准件是经过优选、简化、统一,并给予标准代号的通用零、部件。有些常用件的结构也实行了部分标准化,如齿轮、蜗杆、涡轮等。

本章主要介绍标准件和常用件的基本知识、规定画法、代号、标注及相关的查表和计算方法。

7.1 螺纹画法及标注

螺纹是指在圆柱或圆锥表面上,沿着螺旋线所形成的具有相同剖面的连接凸起,一般将其称为"牙"。在圆柱或圆锥外表面上形成的螺纹称为外螺纹,在其内孔表面上形成的螺纹称为内螺纹。

7.1.1 螺纹的形成和加工方法

螺纹是根据螺旋线的原理加工而成的,如图7-1(a)所示。当动点 A 沿圆柱面的母线作等速直线运动,而母线又同时绕圆柱轴线作等速旋转运动时,动点 A 的运动轨迹称为圆柱螺旋线。母线旋转一周,动点 A 沿轴向移动的距离 P_h 称为螺旋线的导程。图7-1(b)所示为螺旋线的画法。如图7-1(c)所示,若将动点 A 换成一个与轴线共面的平面图形(如三角形、梯形等),便形成相应的螺纹(三角形螺纹、梯形螺纹等)。

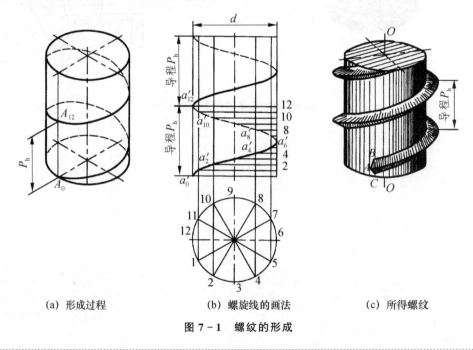

(a) 形成过程　　　　(b) 螺旋线的画法　　　　(c) 所得螺纹

图7-1　螺纹的形成

工业上制造螺纹的方法有多种,图7-2表示在车床上加工螺纹的方法。加工螺纹时,被加工圆柱形零件作等速旋转运动,刀具沿被加工圆柱形零件的轴向作匀速直线运动,刀具相对被加工圆柱形零件形成圆柱螺旋线。刀刃的形状不同,被加工零件所切去的截面形状也不同,所以可加工出不同牙型的螺纹。

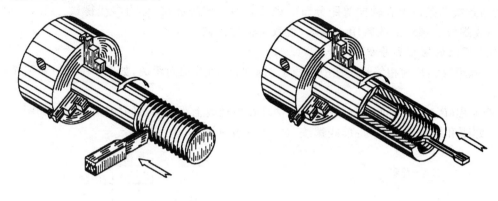

(a) 外螺纹的加工　　　　　　　　　　(b) 内螺纹的加工

图7-2　螺纹的加工方法

7.1.2　螺纹的要素和种类

1. 螺纹的要素

(1) 螺纹的牙型

在通过螺纹轴线的剖面上,螺纹的轮廓形状称为螺纹的牙型。常用螺纹的牙型有三角形、梯形等。

(2) 螺纹的大径、小径和中径(见图7-3)

① 大径:与外螺纹的牙顶和内螺纹的牙底相切的、假想圆柱面的直径(即螺纹的最大直径)。内、外螺纹的大径分别用 D 和 d 表示。

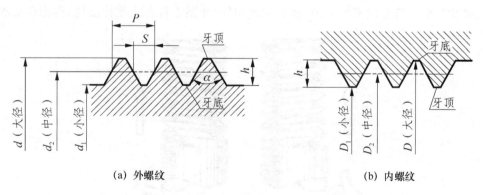

(a) 外螺纹　　　　　　　　　　(b) 内螺纹

图7-3　螺纹的要素

② 小径:与外螺纹的牙底和内螺纹的牙顶相切的、假想圆柱面的直径(即螺纹的直径)。内、外螺纹的小径分别用 D_1 和 d_1 表示。内螺纹的小径 D_1 和外螺纹的大径 d 统称为顶径。内螺纹的大径 D 和外螺纹的小径 d_1 统称为底径。

③ 中径：中径是一个假想圆柱面的直径，该圆柱面母线上牙型的沟槽（相邻两牙间空槽）和凸起（螺纹的牙厚）宽度相等，即 $P=2S$。内、外螺纹中径分别用 D_2 和 d_2 表示。

(3) 螺纹的线数

螺纹有单线和多线之分。沿一条螺旋线所形成的螺纹，称为单线螺纹，如图7-4(a)所示；沿两条或两条以上在轴向等距分布的螺旋线所形成的螺纹，称为多线螺纹。图7-4(b)所示为双线螺纹。螺纹的线数用 n 表示，线数又称为头数。

(4) 螺纹的螺距和导程

① 螺距(P)：P 为相邻两牙在中径线上对应两点间的轴向距离，如图7-3(a)和图7-4(a)所示。

② 导程(P_h)：P_h 为同一条螺纹上相邻两牙在中径线上对应两点间的轴向距离，如图7-4(b)所示。螺距和导程的关系为：单线螺纹，$P=P_h$；多线螺纹，$P=P_h/n$。

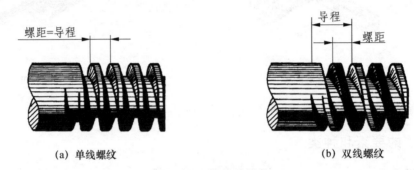

(a) 单线螺纹　　　　　　　　(b) 双线螺纹

图7-4　螺纹的线数

(5) 螺纹的旋向

螺纹分右旋和左旋两种，顺时针旋转时旋入的螺纹为右旋螺纹，逆时针旋转时旋入的螺纹为左旋螺纹。旋向可按下列方法判定：将外螺纹轴线垂直放置，螺纹的可见部分右高左低者为右旋螺纹；左高右低者为左旋螺纹，如图7-5所示。

对于螺纹来说，只有牙型、大径、螺距、线数和方向等要素都相同，内外螺纹才能旋合在一起。其中，牙型、大径和螺距是决定螺纹结构最基本的要素，称为螺纹的三要素。

凡螺纹三要素符合国家标准的，称为标准螺纹；牙型不符合国家标准的，称为非标准螺纹。

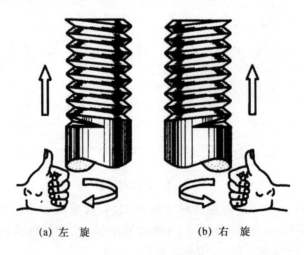

(a) 左旋　　　　　　　　(b) 右旋

图7-5　螺纹的旋向

2. 螺纹的种类

在国家标准中,螺纹按用途分为两大类型:连接螺纹和传动螺纹,如表7-1所列。

表7-1 常用螺纹的种类与用途

螺纹种类及代号		外形及牙型	用途
连接螺纹	普通螺纹 M 粗牙	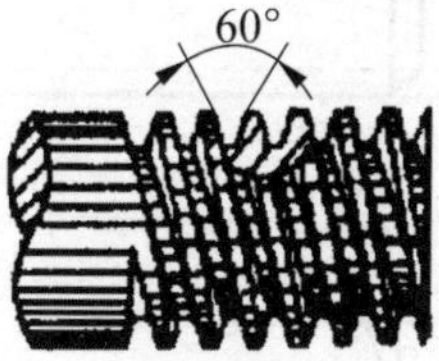 60°	普通螺纹是最常用的连接螺纹。粗牙螺纹一般用于机件的连接,细牙螺纹用于细小的精密零件或薄壁零件上
	普通螺纹 M 细牙		
	管螺纹 非螺纹密封的管螺纹 G	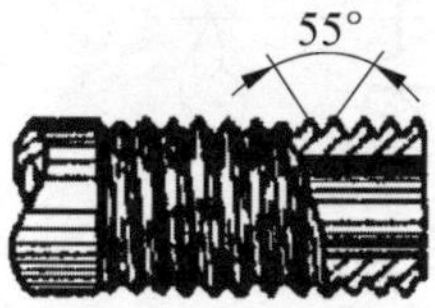 55°	用于水管、油管、煤气管等一般低压管路的连接
	管螺纹 螺纹密封的管螺纹 R_p		
传动螺纹	梯形螺纹 T_r	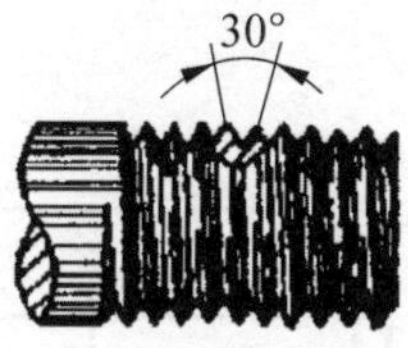 30°	机床的丝杠采用这种螺纹进行传动

(1) 连接螺纹

常见的连接螺纹有普通螺纹和管螺纹两种,其中,普通螺纹又分为粗牙普通螺纹和细牙普通螺纹两种。管螺纹又分为螺纹密封的管螺纹和非螺纹密封的管螺纹两种。

连接螺纹的共同特点是牙型都是三角形,其中普通螺纹的牙型角为60°,管螺纹的牙型角为55°。

普通螺纹中的细牙和粗牙的区别是,在大径相同的情况下,细牙普通螺纹的螺距比粗牙普通螺纹的螺距小。

细牙普通螺纹多用于细小的精密零件或薄壁零件,而管螺纹多用于水管、油管、煤气管上。

(2) 传动螺纹

主要用于传递动力和运动,常用的是梯形螺纹,有时也用锯齿形螺纹。

7.1.3 螺纹的规定画法

为方便作图,国家标准规定了螺纹的简化画法。

1. 内外螺纹的规定画法

① 螺纹的牙顶(外螺纹的大径、内螺纹的小径)用粗实线表示,牙底(外螺纹的小径、内螺纹的大径)用细实线表示,螺杆头部的倒角或倒圆部分也应画出。螺纹终止线用粗实线表示。在螺纹投影为圆的视图中,表示牙底的细实线圆只画约3/4圈,倒角圆省略不画,如图7-6和图7-7所示。

② 在螺纹的剖视图或断面图中,剖面线都必须画到粗实线,如图7-7和图7-8所示。

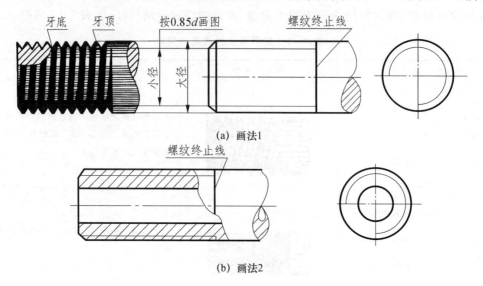

图7-6 外螺纹的画法

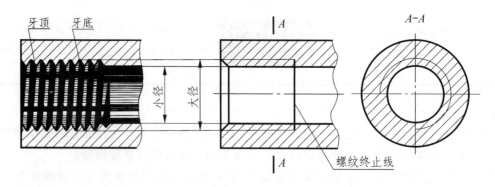

图7-7 内螺纹的画法

③ 当需要表示螺纹收尾时,螺尾部分的牙底用与轴线成30°角的细实线绘制,如图7-8所示。一般情况下不画出螺尾。

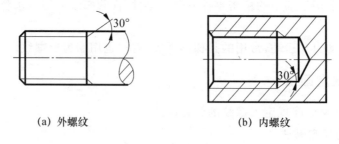

图7-8 螺尾的画法

④ 绘制不穿通螺纹孔时,一般应将钻孔深度与螺纹部分的深度分别画出,钻头头部形成的锥顶角画成120°,如图7-9所示。

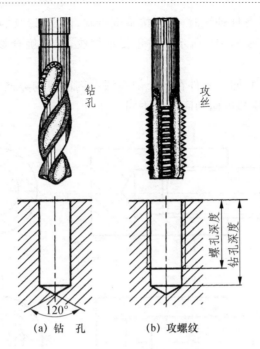

图 7-9 不穿通螺纹孔画法

⑤ 当需要表示螺纹牙型时,按图 7-10 的形式绘制。

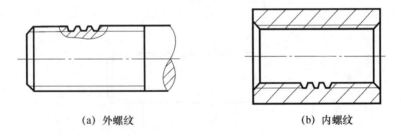

图 7-10 表示牙型的方法

⑥ 螺纹孔相交时,只画出钻孔的交线,如图 7-11 所示。

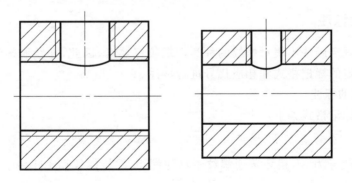

图 7-11 螺纹孔相交的画法

2. 螺纹连接的画法

内、外螺纹的连接以剖视图表示时,其旋合部分按外螺纹画出,其余各部分仍按各自的画法表示。当剖切平面通过螺杆轴线时,螺杆按不剖绘制,内、外螺纹的大径线和小径线,必须分别位于同一条直线上,如图 7-12 所示。对于传动螺纹,应在旋合处用局部剖视表示几个牙型,如图 7-12(c)所示。

在内、外螺纹连接图中,同一零件在各个剖视图中剖面线的方向和间隔应一致;在同一剖视图中,相邻两零件剖面线的方向和间隔应不同。

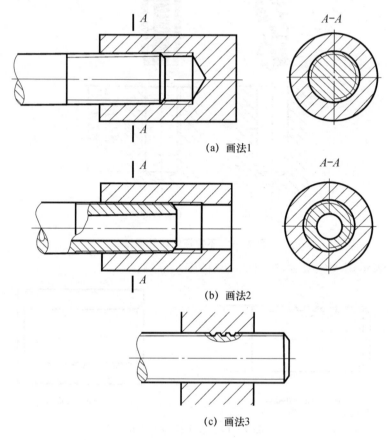

图 7-12 螺纹连接的画法

7.1.4 螺纹的标注

由于螺纹的规定画法不表示螺纹的种类和螺纹三要素,因此,在绘制螺纹图样时,还必须按国家标准所规定的标记格式和相应代号进行标注。

1. 普通螺纹的标注

普通螺纹的标记格式如下:

| 特征代号 | 公称直径 × 螺距 —— 旋向 —— 螺纹公差带代号 —— 旋合长度代号 |

① 螺纹特征代号为 M,粗牙普通螺纹不标注螺距,左旋螺纹用 LH 表示,右旋螺纹不标注旋向。

② 公差带代号由中径公差带和顶径公差带组成。大写字母代表内螺纹,小写字母表示外螺纹。若两组公差带相同,则只写一组。

③ 旋合长度分为短(S)、中等(N)和长(L)3种。一般采用中等旋合长度,N省略不标。

2. 管螺纹和梯形螺纹的标注

(1) 管螺纹的标注

管螺纹应标注螺纹符号、尺寸代号、公差等级和旋向。必须注意:管螺纹必须采用指引线标注时,引线从大径引出。公差等级:非螺纹密封的管螺纹的外螺纹公差等级分为 A,B 两级标记,其余螺纹公差等级只有一种,故不标记。

(2) 梯形螺纹的标注

梯形螺纹应标注螺纹代号(包括牙型符号 T_r、螺纹大径、螺距等)、公差带代号及旋合长度3部分。

普通螺纹、管螺纹和梯形螺纹标注示例如表 7-2 所列。

表 7-2 常用螺纹的规定标注

螺纹种类	标注图例	代号的意义	说明
粗牙普通螺纹	M12-5g6g-S	表示公称直径为 12 mm 的右旋普通粗牙外螺纹,中径公差代号为 5g,顶径公差代号为 6g,短旋合长度	① 粗牙螺纹不标注螺距 ② 单线右旋不标注线数和旋向,多线或左旋要标注 ③ 中径和顶径公差带相同时,只标注一个代号 ④ 旋合长度为中等长度时,不标注
	M12LH-7H-L	表示公称直径为 12 mm 的左旋普通粗牙内螺纹,中径和顶径公差代号为 7H,长旋合长度	
细牙普通螺纹	M12×1.5-5g6g	表示公称直径为 12 mm,螺距为 1.5 mm 的右旋普通细牙外螺纹,中径和顶径公差代号为 6e,中等旋合长度	① 细牙螺纹标注螺距 ② 其他同粗牙螺纹
非螺纹密封的管螺纹	G3/4B	表示尺寸代号为 3/4,非螺纹密封的 B 级圆柱外螺纹	① 管螺纹尺寸代号不是螺纹大径,作图时应据此查出螺纹大径 ② 只能以旁注的方式引出标注 ③ 右旋省略不注
	G1/2	表示尺寸代号为 1/2,非螺纹密封的圆柱内螺纹	

续表 7-2

螺纹种类	标注图例	代号的意义	说 明
单线梯形螺纹	Tr40×7-7e	表示公称直径为 40 mm，螺距为 7 mm 单线右旋梯形外螺纹，中径公差代号为 7e，中等旋合长度	① 应标注螺距 ② 多线还要标注导程 ③ 右旋省略不标注，左旋要标注 LH ④ 旋合长度分为中等（N）和长（L）两组。中等旋合长度符号可以不标注
多线梯形螺纹	Tr40×14(P7)LH-7e	表示公称直径为 40 mm，导程为 14 mm，螺距为 7 mm 双线左旋梯形外螺纹，中径公差代号为 7e，中等旋合长度	

7.2 螺纹紧固件

7.2.1 常用螺纹紧固件的种类和标记

螺纹紧固件的种类很多，常用的紧固件有螺栓、双头螺柱、螺钉、螺母、垫圈等。这些零件一般都是标准件，它们的结构类型和尺寸可按其规定标记在相应的标准中查出。表 7-3 中列出了常用螺纹紧固件的结构类型和标记。

表 7-3 常用螺纹紧固件及其规定标记

名 称	标 记	图 例	说 明
六角头螺栓	螺栓 GB 5782 M10×50	M10, 50	A 级六角头螺栓，螺纹规格 $d=$ M10，公称长度 $l=50$
双头螺柱	螺柱 GB 898 M10×45	M10, b_m, 45	A 型 $b_m=1.25d$ 的双头螺柱，螺纹规格 $d=$ M10，公称长度 $l=45$，旋入一端长 $b_m=12.5$
开槽圆柱头螺钉	螺钉 GB/T 65 M10×50	M10, 50	螺纹规格 $d=$ M10、公称长度 $l=50$、性能等级为 4.8 级、不经表面处理的开槽圆柱头螺钉
开槽沉头螺钉	螺钉 GB/T 68 M10×50	M10, 50	螺纹规格 $d=$ M10、公称长度 $l=50$、性能等级为 4.8 级、不经表面处理的开槽沉头螺钉
开槽长圆柱端紧定螺钉	螺钉 GB/T 75 M12×35	M12, 35	螺纹规格 $d=$ M12、公称长度 $l=35$、性能等级为 140 VH 级、表面氧化的开槽长圆柱端紧定螺钉

续表 7-3

名 称	标 记	图 例	说 明
六角螺母	螺母 GB/T 6170 M12		螺纹规格 D＝M12、性能等级为 8 级、不经表面处理、A 级的 I 型六角螺母
平垫圈	垫圈 GB/T 97.1 12		标准系列、规格 12、性能等级为 140 HV 级、不经表面处理的平垫圈
标准型弹簧垫圈	垫圈 GB/T 93 12		规格 12，材料为 65 Mn、表面氧化的标准型弹簧垫圈

7.2.2　常用螺纹紧固件连接画法

螺纹紧固件都是标准件，根据它们的标记，在有关标准中可以查到它们的结构类型和全部尺寸。为了作图方便，在画图时，一般不按实际尺寸作图，而是采用按比例画出的简化画法，即除公称长度 l 需经计算，并查其标准选定标准值外，其余各部分尺寸都按与螺纹大径 d（或 D）成一定比例确定。

1. 螺纹紧固件的简化画法

图 7-13、图 7-14、图 7-15 和图 7-16 分别为六角螺母、垫圈、六角头螺栓和螺柱的简化画法。螺栓的六角头除厚度为 $0.7d$ 外，其余尺寸与图 7-13 六角螺母画法相同。

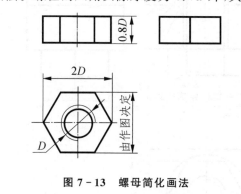

图 7-13　螺母简化画法

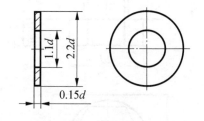

图 7-14　平垫圈简化画法

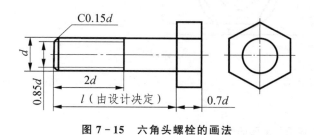

图 7-15　六角头螺栓的画法

图 7-16　螺柱的画法

2. 螺栓连接装配图的画法

图 7-17 为螺栓的连接。所用的螺纹紧固件有螺栓、螺母和垫圈，它常用于两个被连接件都不太厚，能制出通孔的情况。其通孔的大小，可根据装配精度的不同，查机械设计手册确定。为便于成组（螺栓连接一般为两个或多个）装配，被连接件上的通孔直径比螺栓直径大，一般可按 $1.1d$ 画出。螺栓连接装配图的画法如图 7-18 所示。

图 7-17 螺栓连接

用螺栓、螺母、垫圈把两个被连接的零件连接在一起，称为螺栓连接。装配时，先将螺栓的杆身自上而下穿过通孔，并在螺栓上端套上垫圈，再用螺母拧紧。它适用于两个被连接零件都不太厚，并能钻成通孔的情况，如图 7-18 所示。

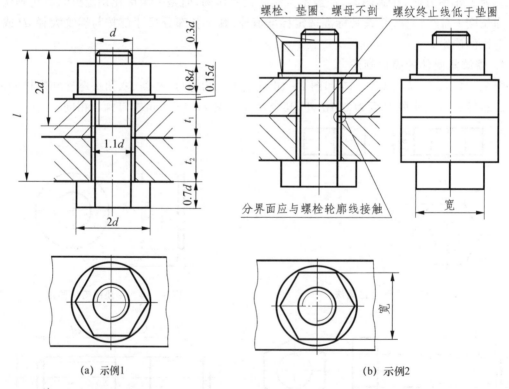

(a) 示例1　　　　　(b) 示例2

注：
① 六方要先画俯视图。
② 左视图宽由俯视图量取。

图 7-18 螺栓连接装配图的画法

画图时必须遵守以下基本规定。

① 螺栓的公称长度按下式计算，即

$$L_{计} = t_1 + t_2 + 0.15d(垫圈厚) + 0.8d(螺母厚) + 0.3d$$

查标准，选取与 $L_{计}$ 接近的标准长度值 l，即为螺栓标记中的公称长度。

② 在剖视图中，当剖切平面通过螺杆轴线时，螺栓、螺母和垫圈这些标准件均按不剖绘制。

③ 两个零件接触处只画一条粗实线，不要将轮廓线加粗。凡不接触的表面，无论间隙多小，都应在图上画出间隙。

④ 在剖视图中，相邻两零件的剖面线方向应相反，但同一零件在各个视图中，其剖面线的方向和间距都应相同。

3. 螺钉连接装配图的画法

螺钉用来连接一个较薄、一个较厚的两个零件，它不需与螺母配用，常用在受力不大和不需经常拆卸的场合。装配时，先将螺钉杆部穿过一个零件的通孔而旋入另一个零件的螺孔，再用螺具(俗称螺丝刀)拧紧，以螺钉头部压紧被连接件。如图 7-19 所示为常见螺钉连接装配图的画法。

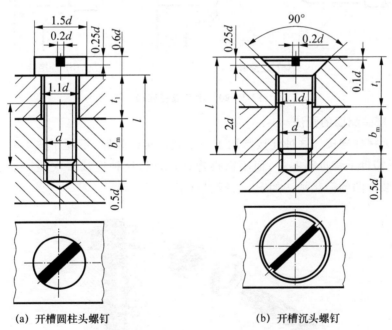

(a) 开槽圆柱头螺钉　　　　(b) 开槽沉头螺钉

图 7-19　螺钉连接装配图的画法

① 螺钉长度 L 可按下式计算，即

$$L_{计} = t_1 + b_m$$

式中，t_1——上部零件的厚度；

b_m——螺钉旋入螺孔的长度。

查标准，选取与 $L_{计}$ 相近的标准长度值。

② 旋入长度 b_m 的值与被旋入件的材料有关，被旋入件的材料为钢时，$b_m = d$；为铸铁时，

$b_m=1.25d$ 或 $1.5d$；为铝时，$b_m=2d$。

③ 螺纹终止线应高出螺纹孔上表面，以保证连接时螺钉能旋入和压紧。

④ 为保证可靠的压紧，螺纹孔比螺钉头深 $0.5d$。

⑤ 螺钉头上的槽宽可以涂黑，在投影为圆的视图上，规定按 45° 画出。

4. 紧定螺钉连接装配图的画法

紧定螺钉也是机器上经常使用的一种螺钉，它常用来防止两个相配零件产生相对运动。图 7-20 表示出了用开槽锥端紧定螺钉限定轮和轴的相对位置，使它们不能产生轴向相对移动的图例，图 7-20(a) 表示零件图上螺孔和锥孔的画法，图 7-20(b) 为装配图上的画法。

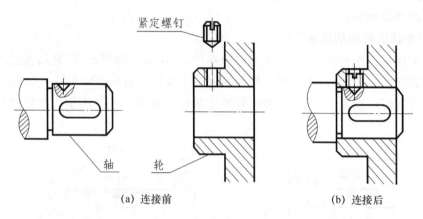

(a) 连接前　　　　　　　　(b) 连接后

图 7-20　紧定螺钉连接

5. 螺柱连接装配图的画法

图 7-21 为螺柱连接。这种连接常用于一个被连接件较厚，不便于或不允许打通孔的情况。拆卸时，只需拆下螺母等零件，而不需拆螺柱，所以，这种连接多次装拆不会损坏被连接件。螺柱连接装配图的简化画法如图 7-22 所示。

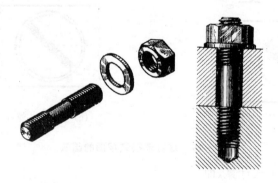

图 7-21　螺柱连接

画螺柱连接装配图时，应注意以下几个问题。

① 螺柱的公称长度 L 的确定如下：

$$L_{计}=t_1+0.15d(垫圈厚)+0.8d(螺母厚)+0.3d$$

查标准，与 $L_{计}$ 接近的标准长度值，即为螺柱标记中的公称长度 L。

② 螺柱连接装配图的画法，上半部分同螺栓，下半部分同螺钉。但是，螺柱连接旋入端的螺纹应全部旋入机件的螺纹孔内，拧紧在被连接件上。因此，图中的螺纹终止线与旋入机件的螺孔上端面平齐。

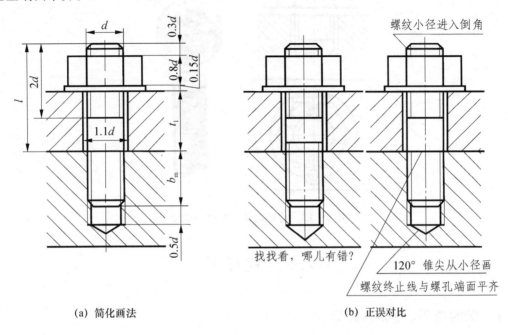

(a) 简化画法　　　　　　　　　　(b) 正误对比

图 7-22　螺柱连接装配图的画法

7.2.3　螺纹连接的防松

在螺纹连接中，螺母虽然可以拧得很紧，但在冲击、震动和变载荷作用下，连接有可能松脱，因此，为防止螺母松脱，常常采用双螺母（见图 7-23）、弹簧垫圈（见图 7-24）或者槽形螺母和开口销防松（见图 7-25）。

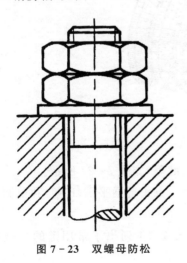

图 7-23　双螺母防松

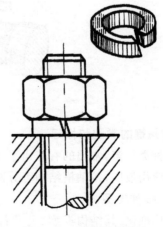

图 7-24　弹簧垫圈防松

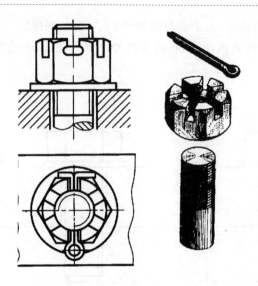

图 7-25 槽形螺母和开口销防松

7.3 键连接

7.3.1 键的功用、种类和标记

1. 键的功用

为了使齿轮、带轮等零件和轴一起转动,通常在轮孔和轴上分别切制出键槽,用键将轴、轮连接起来进行传动,如齿轮、皮带轮、联轴器等连接在一起,以传递扭矩,如图 7-26 所示。

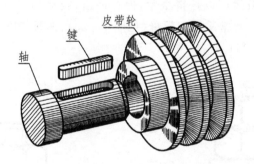

图 7-26 键连接

2. 常用键的类型和标记

键的种类很多,常用的有普通平键、半圆键和钩头楔键等,如图 7-27 所示。

平键应用最广,按轴槽结构可分圆头普通平键(A 型)、方头普通平键(B 型)和单圆头普通平键(C 型)3 种类型。

键已标准化,其结构类型、尺寸都有相应的规定。表 7-4 列出了常用键的类型和规定标记。

图 7-27 常用键

表 7-4 常用键的规定标记

名称	键的类型	规定标记示例
圆头普通平键		$b=18$ mm, $h=11$ mm, $l=100$ mm 的圆头普通平键（A 型）的标记如下： 键 18×100 GB/T 1096—1979
半圆键		$b=6$ mm, $h=10$ mm, $d_1=25$ mm 的半圆键的标记如下： 键 6×25 GB/T 1099—1979
钩头楔键		$b=16$ mm, $h=10$ mm, $l=100$ mm 钩头楔键的标记如下： 键 16×100 GB/T 1565—1979

7.3.2 键连接装配图的画法

普通平键、半圆键和钩头楔键连接装配图的画法如图 7-28、图 7-29 和图 7-30 所示。当沿着键的纵向剖切时，按不剖画；当沿着键的横向剖切时，则要画上剖面线。通常用局部剖视图表示轴上键槽的深度及零件之间的连接关系，接触面画一条线。

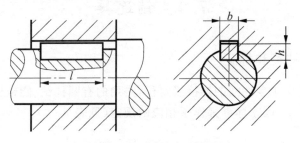

图 7-28 普通平键连接装配图

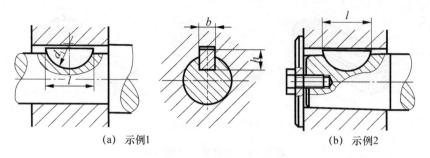

(a) 示例1　　　　　　　　(b) 示例2

图 7-29　半圆键连接装配图

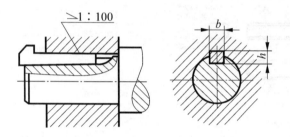

图 7-30　钩头楔键连接装配图

图 7-31 表示零件图中键槽的表达方法和尺寸注法。轴上键槽常用局部剖视表示,键槽深度和宽度尺寸应注在断面图中,图中 b,t,t_1 可按轴的直径从有关标准中查出,L 由设计确定。

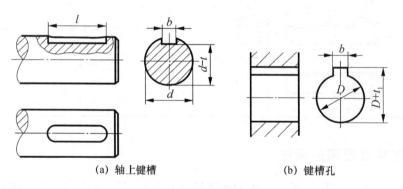

(a) 轴上键槽　　　　　　　(b) 键槽孔

图 7-31　键槽的尺寸注法

7.4　销连接

7.4.1　销的功用、种类和标记

销是标准件,主要用于零件间的连接或定位,常用的有圆柱销、圆锥销、开口销等3种。对其结构类型、大小和标记,国家标准都作了相应的规定(见表 7-5)。

表 7 – 5 销的类型和标记

名　称	标准号	图　例	标记示例
圆柱销	GB/T 119.1—2000		直径 $d=10$ mm,长度 $l=100$ mm,材料 35 号钢,热处理硬度 28～38 HRC,不经表面处理; 销 GB/T 119.1 A10×100;
圆锥销	GB/T 117—2000		直径 $d=10$ mm,公差为 m6,长度 $L=80$ mm,材料为钢,不经表面热处理; 销 GB/T 119.1 10m×680; 直径 $d=12$ mm,公差为 m6,长度 $L=60$ mm,材料为 A1 组奥氏体不锈钢,表面简单处理; 销 GB/T 117 12m6 – A1 圆锥销的公称尺寸是指小端直径
开口销	GB/T 91—2000		公称直径 $d=4$ mm(指销孔直径),$L=20$ mm,材料低碳钢,不经表面处理; 销 GB/T91 4×20

7.4.2 销连接的画法

销连接装配图的画法如图 7 – 32 和图 7 – 33 所示。销作为实心件,当剖切平面通过销的轴线时,仍按外形画出;垂直于销的轴线剖切时,应画上剖面符号。画轴上的销连接时,轴常采用局部剖,以表示销和轴之间的配合关系。

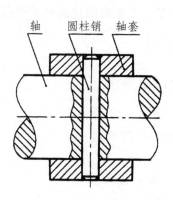

图 7 – 32 圆柱销连接的画法

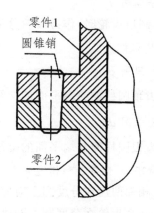

图 7 – 33 圆锥销连接的画法

7.5 齿　轮

7.5.1 齿轮的作用及分类

齿轮是广泛用于机器或部件中的传动零件。齿轮的参数中模数、压力角已经标准化,因此,它属于常用件。齿轮不仅可以用来传递动力,并且还能改变转速和回转方向。

齿轮的种类很多,按传动轴之间的相对位置,其传动形式及应用有以下几种。

① 圆柱齿轮:用于两平行轴间的传动(见图7-34(a));
② 锥齿轮:用于两相交轴间的传动(见图7-34(b));
③ 蜗杆涡轮:用于两交叉轴间的传动(见图7-34(c))。

 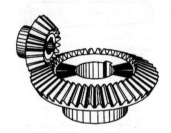 

(a) 圆柱齿轮啮合　　　　(b) 锥齿轮啮合　　　　(c) 涡杆与涡轮啮合

图7-34　齿轮传动形式

圆柱齿轮按其齿形方向可分为:直齿、斜齿和人字齿等,这里主要介绍直齿圆柱齿轮的基本知识。

7.5.2 齿轮各部分的名称及几何尺寸的计算

1. 直齿圆柱齿轮各部分的名称及代号(见图7-35)

(1) 分度圆 d

设计、制造齿轮时,作为齿轮分度的圆称为分度圆;它是一个假想圆柱面与端平面的交线,用 d 表示其直径。

(2) 齿顶圆 d_a

轮齿齿顶圆柱面与端平面的交线称为齿顶圆,其直径以 d_a 表示。

(3) 齿根圆 d_f

轮齿齿根圆柱面与端平面的交线称为齿根圆,其直径以 d_f 表示。

(4) 齿距 p、齿厚 s 和槽宽 e

齿距:相邻两齿在分度圆上对应点间的弧长称为齿距,用 p 表示。

齿厚:一个齿轮在分度圆上两侧齿廓间的弧长称为齿厚,用 s 表示。

槽宽:一个齿槽齿廓间在分度圆上的弧长称为槽宽,用 e 表示。

对于标准齿轮,$s=e=p/2$ 或 $p=s+e$。

(5) 齿高 h

齿顶圆与齿根圆之间的径向距离,以 h 表示。

齿顶高 h_a:齿顶圆与分度圆之间的径向距离称为齿顶高,用 h_a 表示。

齿根高 h_f:齿根圆与分度圆之间的径向距离称为齿根高,用 h_f 表示。

全齿高 h: $h=h_a+h_f$。

(6) 中心距 a

两啮合齿轮轴线之间的距离,用 a 表示。中心距为两齿轮的节圆半径之和:$a=d_1/2+d_2/2$。

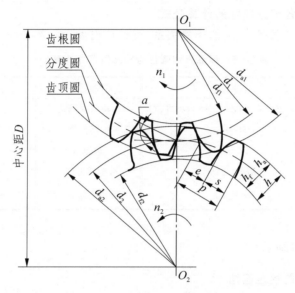

图 7-35 齿轮各部分的名称

2. 直齿圆柱齿轮的基本参数

(1) 齿 数

齿轮上轮齿的个数,用 z 表示。

(2) 模 数

齿轮上有多少齿,在分度圆周上就有多少齿距,即齿轮分度圆周长 $\pi d=pz$,则 $d=zp/\pi$。为了计算方便,令 $m=p/\pi$,即将齿距 p 除以圆周率 π 所得的商,称为齿轮的模数,用符号 m 表示,尺寸单位为 mm。由此得出 $d=mz$,它表示了轮齿的大小。为了简化计算,规定模数是计算齿轮各部分尺寸的主要参数,且已标准化,如表 7-6 所列。

表 7-6 圆柱齿轮模数(摘自 GB/T 1357—1987)

第一系列	1,1.25,1.5,2,2.5,3,4,5,6,8,10,12,16,20,25,32,40
第二系列	1.75,2.25,2.75,(3.25),3.5,(3.75),4.5,5.5,(6.5),7,9,(11),14,18,22

注:优先采用第一系列,其次是第二系列,括号内的模数尽量不用。

从 $d=zp/\pi, m=p/\pi$ 可知:

① 一对齿轮啮合时,齿距 p 应相等,所以 m 应相等。

② 标准直齿轮的 $h_a=1m, h_f=1.25m, p=m\pi$,所以,m 变化时,h,p 随之变大。m 越大,

轮齿越大；m 越小，轮齿越小。故 m 的大小，决定着齿的大小，也决定着齿轮能传递力矩的大小。

③ 齿轮模数不同，轮齿的大小不同，应选用不同模数的刀具进行加工。

(3) 压力角

两啮合齿轮的齿廓在接触点处的受力方向与运动方向之间的夹角称为压力角。若接触点在分度圆上，则为两齿廓公法线与两分度圆公切线的夹角，用 α 表示，如图 7-35 所示。我国标准齿轮分度圆上的压力角为 $20°$，通常所说的压力角是指分度圆上的压力角。

两标准直齿圆柱齿轮正确啮合传动的条件是模数和压力角都相等。

3. 直齿圆柱齿轮各部分尺寸的计算公式

齿轮的模数确定后，按照与 m 的比例关系，可计算出齿轮各部分的尺寸，如表 7-7 所列。

表 7-7 标准直齿圆柱齿轮几何尺寸计算公式

名称及代号	计算公式	名称及代号	计算公式
模数 m	$m=d/z$（计算后按表 7-6 取标准值）	齿顶圆直径 d_a	$d_a=m(z+2)$
分度圆直径 d	$D=mz$	齿根圆直径 d_f	$d_f=m(z-2.5)$
齿顶高 h_a	$h_a=m$	齿距 p	$p=\pi m$
齿根高 h_f	$h_f=1.25m$	分度圆齿厚 s	$s=\pi m/2$
齿高 h	$h=h_a+h_f$	中心距 a	$a=\dfrac{d_1+d_2}{2}=m(z_1+z_2)/2$

7.5.3 直齿齿轮的画法

1. 单个圆柱齿轮的规定画法

单个齿轮的画法，一般用全剖的非圆视图和端视图两个视图表示（见图 7-35）。

① 在表示齿轮端面的视图中，齿顶圆和齿顶线用粗实线，齿根圆和齿根线用细实线或省略不画，分度圆用点画线画出（分度线应超出轮廓 2～3 mm），如图 7-36(a)所示。

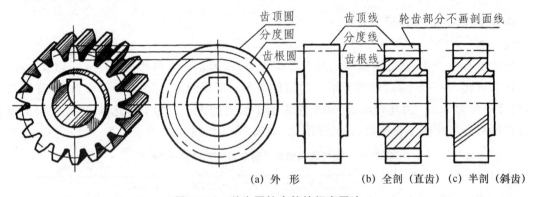

图 7-36 单个圆柱齿轮的规定画法

② 另一个视图一般画成全剖视图，而轮齿按不剖处理。用粗实线表示齿顶线和齿根线，用点画线表示分度线，如图 7-36(b)所示。

③ 若不画成剖视图，则齿根线可省略不画，如图 7-36(a)所示。

④ 轮齿为斜齿时，按图 7-36(c)的形式画出。

⑤ 齿轮的其他结构，按投影画出。

2. 圆柱齿轮啮合的规定画法

两标准齿轮相互啮合时，两轮分度圆处于相切的位置，此时分度圆又称为节圆。啮合区的规定画法如下。

① 在投影为圆的视图（齿轮端面的视图）中，两齿轮的节圆相切。齿顶圆和齿根圆有以下两种画法：

a 啮合区的齿顶圆画粗实线，齿根圆画细实线，如图 7-37(a) 所示。

b 啮合区的齿顶圆省略不画，两个齿根圆省略不画，如图 7-37(b) 所示。但相切的两分度圆须用点画线画出。

② 若不作剖视，则啮合区内的齿顶线不必画出，此时分度线用粗实线绘制，如图 7-37(c)、图 7-37(d) 所示。

③ 在剖视图中，啮合区的投影见图 7-38，齿顶与齿根之间应有 $0.25m$ 的间隙，被遮挡的齿顶线（虚线）也可省略不画。

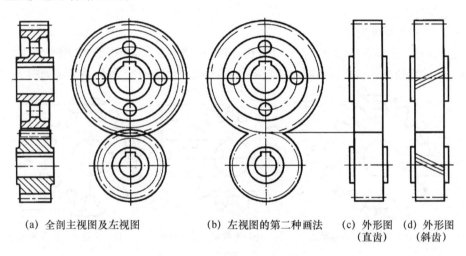

(a) 全剖主视图及左视图　　(b) 左视图的第二种画法　　(c) 外形图（直齿）　　(d) 外形图（斜齿）

图 7-37　齿轮啮合的规定画法

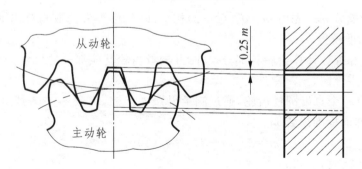

图 7-38　齿轮啮合区投影的画法

3. 齿轮和齿条啮合的画法

当齿轮直径无限大时，它的齿顶圆、齿根圆、分度圆和齿廓都变成了直线，齿轮便成为齿条。齿轮齿条啮合时，可由齿轮的旋转带动齿条直线移动，或反之。齿轮和齿条啮合的画法与齿轮啮合画法基本相同，如图 7-39 所示。

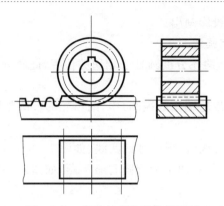

图 7-39 齿轮与齿条啮合的画法

7.5.4 直齿圆柱齿轮的测绘

根据齿轮实物,通过测量和计算,确定主要参数并画出齿轮工作图的过程,称为齿轮测绘。测绘的一般步骤如下。

① 数出齿轮的轮齿数 z。

② 初步测量齿顶圆直径(d_a)。若为偶数齿,可直接量得 d_a;若为奇数齿,则不能直接量得 d_a,而应先测出孔的直径及孔壁到齿顶间的径向距离 H,则 $d_a = 2H + D$。其测量方法如图 7-40 所示。

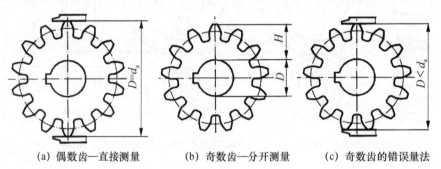

(a) 偶数齿—直接测量　　(b) 奇数齿—分开测量　　(c) 奇数齿的错误量法

图 7-40 奇数齿的计算方法

③ 确定齿轮模数 m。先由 $m = d_a/(z+2)$ 初步确定,再查表选取与算出的 m 最接近的模数,即该齿轮的标准模数。

④ 根据齿数和模数计算齿轮各部分尺寸,并测量齿轮其他部分的尺寸。

⑤ 绘出齿轮零件图。

【例题 1】 有一个直齿圆柱齿轮,通过测量得知 $d_a = 64$,齿数 $z = 30$,试绘制齿轮零件图。

解: ① 计算并取标准模数 m。

$$m = d_a/(z+2) = 64/(30+2) = 2$$

查表 7-6,取标准模数 $m = 2$。

② 计算轮齿各部分尺寸。

$$h_a = m = 2, \quad h_f = 1.25m = 2.5, \quad h = h_a + h_f = 2 + 2.5 = 4.5$$
$$d = mz = 30 \times 2 = 60, \quad d_a = 64, \quad d_f = m(z-2.5) = 2 \times (30-2.5) = 55$$

③ 测量和确定齿轮其他部分尺寸。

如齿轮宽度($b = 20$)、轴孔尺寸($D = 20$)、键槽尺寸(宽为 6,槽顶至孔底的距离为 22.8)等。

④ 绘制齿轮工作图，如图7-41所示。

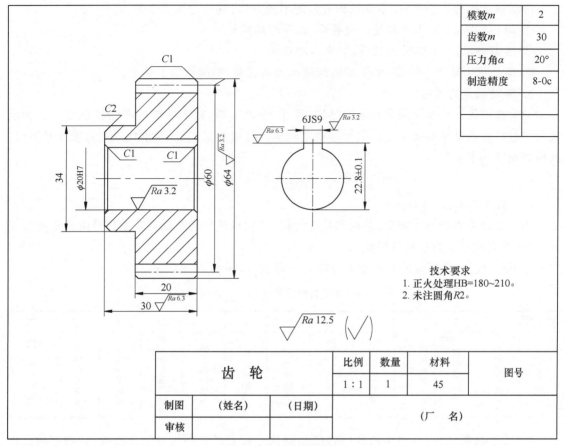

图 7-41 齿轮零件图

7.6 滚动轴承

滚动轴承是机器或部件中用于支撑轴的一种标准部件，具有结构紧凑、摩擦阻力小等优点；而且转动灵活、维修方便，在机械设备中应用广泛。

7.6.1 滚动轴承的结构、类型和代号

1. 滚动轴承的结构

如图7-42所示，滚动轴承的构造一般由内圈、外圈、滚动体和保持架组成。内圈上有凹槽，以形成滚动体圆周运动时的滚动道。

保持架把滚动体彼此隔开，避免滚动体相互接触，以减少摩擦与磨损。滚动体有球、圆柱滚子、圆锥滚子等。

使用时，一般内圈套在轴颈上随轴一起转动，外圈安装固定在轴承座孔上。

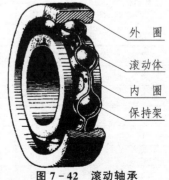

图 7-42 滚动轴承

2. 滚动轴承的类型

滚动轴承的种类很多,按承受载荷方向的不同,可将其分为如下 3 类。

① 向心轴承:主要用于承受径向载荷,如深沟球轴承。

② 推力轴承:只承受轴向载荷,如推力球轴承。

③ 向心推力轴承:能同时承受径向载荷和轴向载荷,如圆锥滚子轴承。

3. 滚动轴承的代号

滚动轴承代号是表示滚动轴承的结构、尺寸、公差等级、技术性能的产品特性符号。轴承代号一般打印在轴承端面上。国家标准规定轴承代号由前置代号、基本代号和后置代号组成。其排列顺序如下:

| 前置代号 | 基本代号 | 后置代号 |

(1) 基本代号(滚针轴承除外)

表示滚动轴承的基本类型、结构和尺寸,是滚动轴承代号的基础。基本代号由轴承类型代号、尺寸系列代号和内径代号组成。

① 类型代号:用阿拉伯数字或大写拉丁字母表示,如表 7-8 所列。

表 7-8 轴承类型代号(GB/T 272—1993)

代号	0	1	2	3	4	5	6	7	8	N	U	QJ
轴承类型	双列角接触球轴承	调心球轴承	推力调心滚子轴承	圆锥滚子轴承	双列深沟球轴承	推力球轴承	深沟球轴承	角接触球轴承	推力圆柱滚子轴承	圆柱滚子轴承	外球面球轴承	四点接触球轴承

② 尺寸系列代号:由轴承的宽(高)度系列代号和直径系列代号组合而成,一般用两位阿拉伯数字表示。它表示同一内径的轴承,其内、外圈的宽度和厚度不同,其承载能力也不同。向心轴承、推力轴承的尺寸系列代号如表 7-9 所列。

表 7-9 滚动轴承的尺寸系列代号

直径系列代号	向心轴承								推力轴承			
	宽度系列代号								高度系列代号			
	8	0	1	2	3	4	5	6	7	9	1	2
	尺寸系列代号											
7	—	—	17	—	37	—	—	—	—	—	—	—
8	—	08	18	28	38	48	58	68	—	—	—	—
9	—	09	19	29	39	49	59	69	—	—	—	—
0	—	00	10	20	30	40	50	60	70	90	10	—
1	—	01	11	21	31	41	51	61	71	91	11	—
2	82	02	12	22	32	42	52	62	72	92	12	22
3	83	03	13	23	33	—	—	—	73	93	13	23
4	—	—	04	—	24	—	—	—	74	94	14	24
5	—	—	—	—	—	—	—	—	—	95	—	—

③ 内径代号:内径代号表示轴承的公称内径(轴承内圈的孔径),一般由两位数字组成。当内径尺寸在 20～480 mm 的范围内时,内径尺寸＝内径代号× 5。

滚动轴承基本代号的含义如表 7-10 所列。

表 7-10 滚动轴承代号的含义

滚动轴承代号	右数第 5 位代表轴承类型	右数第 3、4 位代表尺寸系列	右数第 1、2 位代表内径
6208	深沟球轴承	宽度系列代号 0 省略,直径系列代号为 2	$d=8×5=40$
62/22	深沟球轴承	宽度系列代号 0 省略,直径系列代号为 2	$d=22$
30312	圆锥滚子轴承	宽度系列代号 0 省略,直径系列代号为 3	$d=12×5=60$
51310	推力球轴承	高度系列代号 0 省略,直径系列代号为 3	$d=10×5=50$

(2) 前置、后置代号

当轴承在结构形状、尺寸、公差、技术要求等有改变时,在其基本代号的左、右添加的补充代号。前置代号用字母表示,后置代号用字母或加数字表示。前置、后置代号有许多种,需要时可查阅有关国家标准。

7.6.2 滚动轴承的画法

当需要在图样上表示滚动轴承时,可采用简化画法或规定画法。现将 3 种滚动轴承的各式画法均列于表 7-11 中,其各部分尺寸可根据轴承代号由标准中查得。

1. 简化画法

(1) 通用画法

在剖视图中,当不需要确切地表示滚动轴承的外形轮廓、载荷特征、结构特征时,可用矩形线框及位于线框中央正立的十字形符号表示滚动轴承。

(2) 特征画法

在剖视图中,如需较形象地表示滚动轴承的结构特征,则可在矩形线框内画出其结构要素符号表示滚动轴承。

通用画法和特征画法应绘制在轴的两侧。矩形线框、符号和轮廓线均用粗实线绘制。

2. 规定画法

必要时,在滚动轴承的产品图样、产品样本和产品标准中,可采用规定画法表示滚动轴承。采用规定画法绘制滚动轴承的剖视图时,轴承的滚动体不画剖面线,其内外座圈可画成方向和间隔相同的剖面线;在不致引起误解时,也允许省略不画。滚动轴承的倒角省略不画。

规定画法一般绘制在轴的一侧,另一侧按通用画法绘制。

表 7-11 常用滚动轴承的画法、类型及基本代号

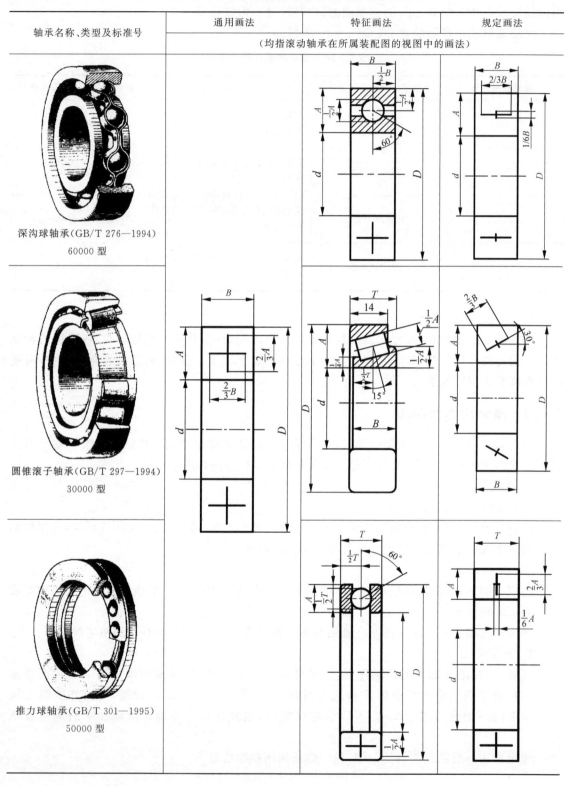

7.7 弹 簧

弹簧的作用主要是减震、复位、夹紧、测力和储能等。弹簧的特点是,去除外力后,弹簧能立即恢复原状。弹簧的种类很多,常用的有:螺旋弹簧、涡卷弹簧和板弹簧等,如图 7-43 所示。其中,螺旋弹簧应用较广。根据受力情况,螺旋弹簧又分为压缩弹簧、拉伸弹簧和扭转弹簧。

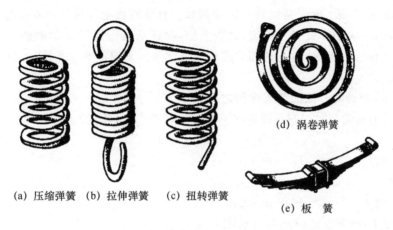

(a) 压缩弹簧　(b) 拉伸弹簧　(c) 扭转弹簧　(d) 涡卷弹簧　(e) 板 簧

图 7-43　弹　簧

本节主要介绍圆柱螺旋压缩弹簧的尺寸计算和规定画法。

7.7.1　圆柱螺旋压缩弹簧各部分的名称及尺寸关系

具体如图 7-44 所示。

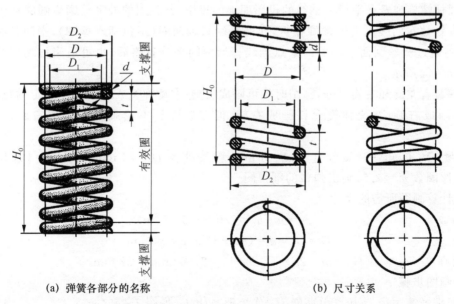

(a) 弹簧各部分的名称　　(b) 尺寸关系

图 7-44　弹簧各部分的名称及尺寸关系

① 簧丝直径 d：制作弹簧的簧丝直径。

② 弹簧直径包括如下 3 个。

弹簧中径 D：弹簧的平均直径；

弹簧内径 D_1：弹簧的最小直径 $D_1=D-d$；

弹簧外径 D_2：弹簧的最大直径 $D=D+d$。

③ 弹簧节距 t：除支撑圈外，两相邻有效圈截面中心线的轴向距离。一般来说，$t=D/3 \sim D/2$。

④ 有效圈数 n：弹簧上能保持相同节距的圈数。有效圈数是计算弹簧刚度时的圈数。

⑤ 支撑圈数 n_2：为使弹簧受力均匀，放置平稳，保证轴线垂直于支承端面，一般都将弹簧两端并紧磨平，工作时起支撑作用，这部分圈称为支撑圈。支撑圈有 1.5 圈、2 圈、2.5 圈 3 种，后两者较为常见。

⑥ 总圈数 n_1：弹簧的有效圈与支撑圈之和，$n_1=n+n_2$。

⑦ 弹簧的自由高度（长度）H_0：弹簧在不受外力时的高度（长度）。

$$H_0=nt+(n_2-0.5)d$$

当 $n_2=1.5$ 时　　　　　$H_0=nt+d$

当 $n_2=2$ 时　　　　　　$H_0=nt+1.5d$

当 $n_2=2.5$ 时　　　　　$H_0=nt+2d$

⑧ 展开长度 L：弹簧制造时坯料的长度。

$$L \approx 2\pi D n_1$$

7.7.2　圆柱螺旋压缩弹簧的规定画法

1. 单个画法

圆柱螺旋压缩弹簧可画成视图、剖视图或示意图。画图时，应注意以下几点：

① 圆柱螺旋弹簧在平行于轴线的投影面上的投影，其各圈的外形轮廓应画成直线。

② 有效数在四圈以上的螺旋弹簧，允许每端只画两圈（不包括支撑圈），中间各圈可省略不画，只画通过簧丝剖面中心的两条点画线。当中间部分省略后，也可适当地缩短图形的长度，如图 7-44 所示。

③ 弹簧有左旋和右旋之分，画图时均可画成右旋；右旋弹簧或旋向不作规定的螺旋弹簧，在图上应画成右旋；左旋弹簧允许画成右旋，但左旋弹簧不论画成左旋或右旋，一律要加注 LH。

【**例题 2**】　已知弹簧簧丝直径 $d=6$ mm，弹簧外径 $D=40$ mm，节距 $t=10$，有效圈数 $n=7$，支撑圈数 $n_2=2.5$，画出弹簧的剖视图。

（1）计算画图所需的尺寸

总圈数　　　　　　　　$n_1=n+n_2=7.0+2.5=9.5$

中径　　　　　　　　　$D=D_2-d=(40-6)$ mm$=34$ mm

自由高度　　　　　　　$H_0=nt+2d=(7.0 \times 10+2 \times 6)$ mm$=82$ mm

（2）画图步骤

① 根据弹簧中径 D 和自由高度 H_0 作矩形 $ABCD$（见图 7-45(a)）。

② 画出支撑圈部分弹簧钢丝的断面（见图 7-45(b)）。

③ 画出有效圈部分弹簧钢丝的断面(见图 7-45(c))。先在 BC 线上根据节距 t 画出圆 2 和圆 4,然后从 12 和 34 的中点作垂线与 AD 线相交,画圆 5 和圆 6。

④ 按右旋方向作相应圆的公切线及剖面线,加深,完成作图(见图 7-45(d))。

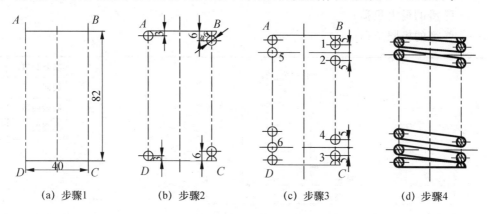

图 7-45 圆柱螺旋压缩弹簧的画图步骤

2. 装配图中的画法

① 在装配图中,将弹簧视为实心物体,被弹簧挡住部分的零件轮廓不必画出,可见部分应从弹簧的外轮廓线画至弹簧钢丝剖面的中径线处,如图 7-46(a)所示;

② 当簧丝直径在图上小于或等于 2 mm 时,断面可以涂黑表示,如图 7-46(b)所示;也可以采用示意画法,如图 7-46(c)所示。

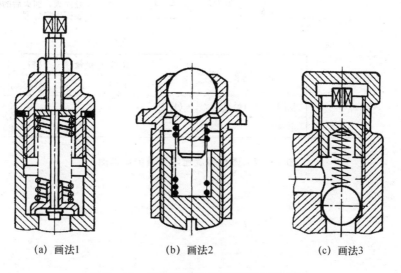

图 7-46 装配图中螺旋弹簧的规定画法

7.7.3 圆柱螺旋压缩弹簧的零件图

图 7-47 为圆柱螺旋压缩弹簧的零件图,图形上方的标注,是表达弹簧负荷与长度之间的变化关系。如:当负荷 $P_2 = 725.2$ N 时,弹簧的长度缩短至 50 mm。

画图时应注意以下几点。

① 弹簧的参数应直接注在图形上,如标注有困难,可在技术要求中说明。

② 当需要说明弹簧的负荷与高度之间的变化关系时,必须用图解表示,螺旋压缩弹簧的机械性能曲线为直线,其中:

p_1——弹簧的预加负荷;

p_2——弹簧的最大负荷;

p_3——弹簧的极限负荷。

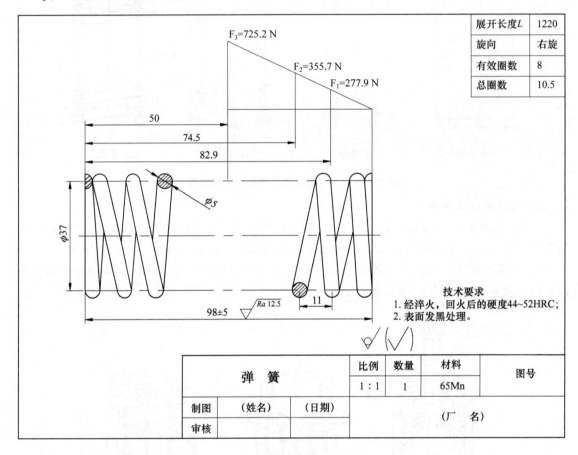

图 7-47 圆柱螺旋压缩弹簧的零件图

第 8 章 零件图

8.1 零件图的内容

任何一台机器或部件都是由许多零件按照一定的装配关系和技术要求装配而成的。用于表达这些零件的结构形状、大小和技术要求的图样称为零件图,它是产品设计、制造和检验过程中必备的重要技术文件。图 8-1 是轴的零件图。

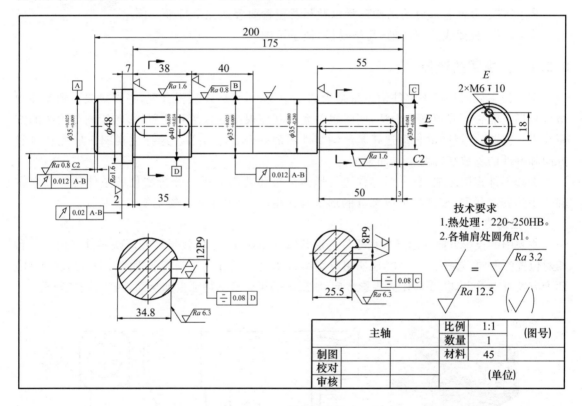

图 8-1 轴的零件图

如图 8-1 所示,一张完整的零件图一般应包括以下 4 个方面的内容。

1. 一组视图

合理地运用视图、剖视图、断面图或其他表达方法,正确、完整、清晰地表达零件的内外结构和形状。

2. 尺　寸

用来确定零件各部分的形状、大小以及相对位置。

3. 技术要求

用规定的符号、代号和文字标注来说明零件在加工、检验、装配和使用时应达到的要求,如零件的表面粗糙度、尺寸公差、形状和位置公差、材料的热处理、零件的表面处理以及其他特殊要求等。

4. 标题栏

说明零件的名称、代号、材料、数量、绘图比例,设计、校对、审核等人员签署姓名和日期等。

8.2 零件图的视图选择

选择视图的目的就是要合理地运用视图、剖视图、断面图或其他表达方法,正确、完整、清晰地表达零件的内外结构和形状。

视图选择的基本要求如下：

① 正确。各视图之间的投影关系以及所采用的视图、剖视、断面等表达方法应正确。

② 完整。零件各部分的结构形状以及相对位置要表达完全且唯一确定。

③ 清晰。视图表达应清晰,简洁易懂,便于读图。

8.2.1 主视图的选择

零件的主视图是反映零件信息量最大的一个视图,其选择是否合理,将直接关系到零件的结构和形状能否明确清晰地表达,同时也关系到其他视图的数量和位置,影响绘图与读图的方便与否。因此,主视图的合理选择是绘制零件图的一个重要环节。选择主视图一般应从投影方向和零件的安放状态两个方面来考虑。

选择零件视图之前,首先对零件进行形体分析和功用分析。分析零件的整体功能和它在部件中的安放状态、零件各组成部分的形状及作用,进而确定零件的主要形体特征。

1. 投影方向

主视图的投影方向一般是根据零件的形状特征来确定的,也就是最能反映零件结构形状和相对位置的方向。在图 8-2 中,尾座可分别用 A,B 等方向作为主视图的投影方向,比较(a),(b)两个方案可以看出,以 A 向作为投影方向,所反映的尾座形状特征更加全面,因此 A 向较好。

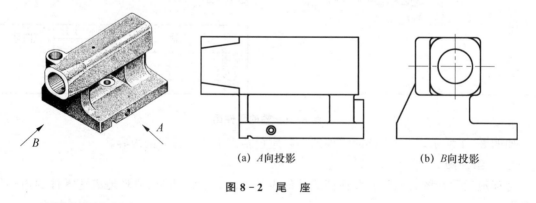

(a) A 向投影　　　　　　(b) B 向投影

图 8-2　尾　座

2. 零件的放置状态

主视图的投影方向确定以后,零件的放置状态一般应符合以下几个方面的原则。

(1) 加工位置原则

零件图是用来加工零件的图样,其主视图所表示的零件放置状态应和零件的加工状态保持一致。如轴、套、盘类零件一般多在车床或磨床上加工,为使工人加工时看图方便,应将这些零件按轴线水平横放,如图 8-3 所示。

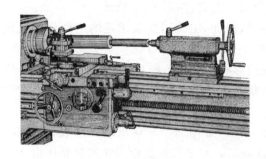
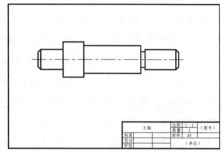

图 8-3　轴类零件加工示意图

（2）工作位置原则

零件主视图的位置应尽量与零件在机器或部件中所处的工作位置相一致,以使零件图与其在装配图中的位置保持一致,这样画图和看图都较为方便。如图 8-4 所示的固定钳身,(a)、(b)两方案所表达的形状特征各有所长,其中,(a)方案为机用虎钳的工作位置,以此作为主视图的位置,更加符合设计与加工时的看图习惯。因此,以(a)方案为主视图,(b)方案为左视图,既符合读图习惯,又可全面表达形状特征,为较好的方案。

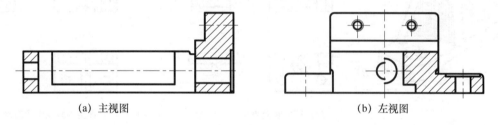

图 8-4　固定钳身

（3）自然安放位置原则

有些零件形状复杂,需要在不同的机床上加工,加工位置各不相同,而工作位置又不固定,这时一般考虑将零件的自然平稳安放状态作为主视图的摆放位置。

8.2.2　其他视图的选择

大多数零件只用一个视图是不能将其结构形状表达完全的,应根据零件的具体结构形状及复杂程度来决定其他视图的类型、数量及位置,正确、完整、清晰地表达零件的内外结构和形状。因此,选好主视图后,还应根据以下几点选择其他视图。

① 表达主要形体。一般采用基本视图表达。零件的内部结构,也应尽量在基本视图上作剖视来表达。

② 补全次要形体。对尚未表达清楚的次要形体,可选向视图、局部（剖）视图或断面图。

③ 表达结构细节。采用局部视图或局部放大图来表达局部和细小结构。

④ 全面检查完善。对所有视图进行全面审视,综合考虑每一个图形所表达的内容重点及其存在的意义,进一步完善,合理布局,使零件图简洁、清晰、易读。

零件的表达方案往往不是唯一的,因此,在选择好零件视图后,还应进一步分析、比较、调整、完善,采用最佳方案。

例如,轴承座由圆柱筒、底板和支撑板 3 个部分组成,如图 8-5 所示。

轴承座的加工工序较多,加工状态各不相同,因此,主视图按轴承座的工作位置放置。再根据轴承座的形状特征,选择 A 方向为主视图的投影方向较为合适。

主视图表达了圆柱筒的圆形特征,其轴向的形状和上部凸台及螺纹孔的结构,以及底板凹槽深度,可用左视图取全剖视图表达。底板形状及底板上孔的位置需要用俯视图表达。主视图上采用局部剖视图表示底板上两孔为通孔。

对于支撑板的截面形状和相互关系,图 8-5(a)采用 $A-A$ 移出断面图表达,而图 8-5(b)采用直接在俯视图上取 $A-A$ 剖视图,将底板形状和支撑板截面形状同时表达出来。

上述两方案都完整、正确地表达了轴承座的结构形状。其中,圆柱筒部分已在主视图和左视图上表达清楚,俯视图上可不再表示。因此,(a)方案在俯视图的基础上,另加了一个移出断面图,内容显得有些重复、分散;而(b)方案则将圆柱筒部分剖去,直接表达底板形状和支撑板截面形状,更加简洁、易读。比较两方案可以发现,(b)方案为较好的视图表达方案。

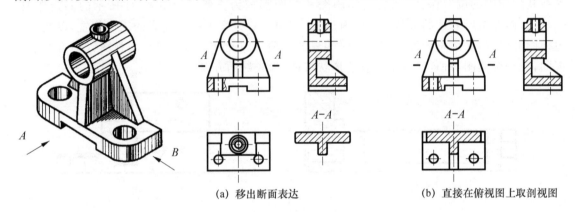

(a) 移出断面表达　　　　　　(b) 直接在俯视图上取剖视图

图 8-5　轴承座表达方案

8.3　零件图的尺寸标注

在零件图上,图形只表达零件的结构形状,而大小则是由图样上所标注的尺寸来确定的。零件的尺寸标注除了要做到正确、完整、清晰外,还应标注合理。对于前三项要求,前面已有介绍,这里主要讨论尺寸标注的合理性。所谓尺寸标注得合理,就是要求所标注的尺寸能满足零件的设计、加工和检验测量的要求,保证零件的使用性能。

8.3.1　尺寸基准

尺寸基准就是标注或测量尺寸的起点。基准选择得正确与否直接关系到零件能否满足设计要求以及加工、测量的可行和方便程度。

1. 基准的分类

根据尺寸基准作用的不同,可分为设计基准和工艺基准。

(1) 设计基准

设计基准是在产品设计时用于确定零件在机器或部件中位置及几何关系的基准点、线、面。

如图 8-6 所示的齿轮油泵座,其底面、侧面和对称中心面是确定与其他零件装配关系的重要平面,这 3 个面就分别是齿轮油泵座高度、宽度和长度 3 个方向的设计基准。

(2) 工艺基准

工艺基准是零件在加工、测量和检验时的基准。如图 8-6 所示,高度方向辅助基准和长度方向尺寸基准就是加工螺纹孔和锥销孔的工艺基准,以此为基准加工和测量都比较方便,易于保证加工质量。

2. 基准的选择

为保证零件既能在设计上满足机器的工作要求,又能在工艺上便于加工和检验,在选择基准时,应尽量把设计基准与工艺基准统一起来。在不能统一时,零件的主要尺寸应从设计基准开始标注,次要尺寸从工艺基准开始标注或按形体分析法标注。

常见的尺寸基准有零件主要回转结构的轴线、对称平面、装配定位面、支撑面和主要加工面等。零件在长、宽、高 3 个方向都应有一个主要基准,如图 8-6 所示。

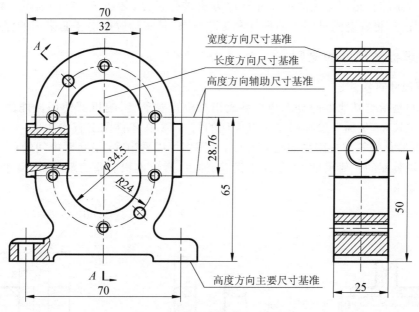

图 8-6 齿轮油泵座尺寸基准

为了满足工艺要求,往往一个方向只选一个基准是不够的,还要附加一些基准。其中确定主要尺寸的基准称为主要基准,起辅助作用的称为辅助基准,两个基准之间应有联系尺寸。图 8-6 中,在高度方向上有主要基准和辅助基准,主要基准和辅助基准之间、辅助基准之间分别有 65 和 28.76 两个尺寸相联系。

8.3.2 尺寸标注的形式

由于零件的设计要求、加工方法和尺寸基准各不相同,因此,零件图上同一方向的尺寸标注形式也不尽相同,主要有链状式、坐标式和综合式 3 种尺寸标注形式,如图 8-7 所示。

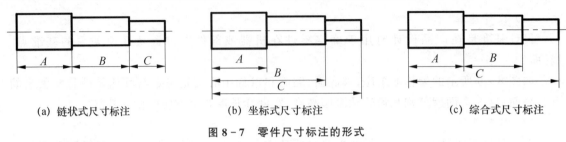

(a) 链状式尺寸标注　　　(b) 坐标式尺寸标注　　　(c) 综合式尺寸标注

图 8-7　零件尺寸标注的形式

1. 链状式

链状式又称串联式,是把同一方向的各个尺寸以链状的形式逐段依次标注,前一个尺寸的终止处就是后一个尺寸的基准,如图 8-7(a)所示。其优点是每段尺寸的加工误差容易控制,从基准面到某一加工位置的误差等于其间各段尺寸的误差之和。

2. 坐标式

坐标式又称并联式,是把同一方向的各个尺寸从同一个基准开始标注,如图 8-7(b)所示。其优点是从基准到任一加工位置的误差便于加工、测量,不受其他尺寸影响,但难以保证其中某段的尺寸误差。

3. 综合式

综合式就是综合运用上述两种尺寸标注方法进行标注,如图 8-7(c)所示。综合式具有它们各自的优点,更容易满足零件的设计和工艺要求,是实际应用中普遍采用的标注形式。

8.3.3　合理标注尺寸的原则

1. 主要尺寸直接注出

主要尺寸是指与其他零件有配合关系或相对位置要求、影响机器使用性能的尺寸。这些尺寸一般要求较高,是加工过程中要重点保证的尺寸,要在零件图上直接注出。

图 8-8(a)是带轮与支架的装配示意图,从图中可以看出,支架两臂中间的尺寸 A 是关系到支架与带轮装配的主要尺寸,为了便于设计、加工,避免累积误差的影响,该尺寸应直接注出以满足装配要求。

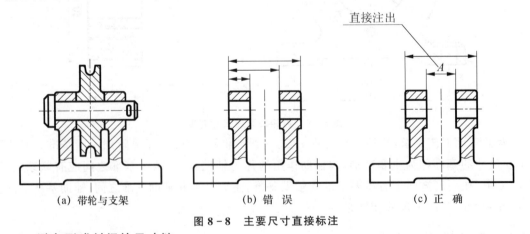

(a) 带轮与支架　　　(b) 错　误　　　(c) 正　确

图 8-8　主要尺寸直接标注

2. 避免形成封闭的尺寸链

封闭的尺寸链是指一组首尾相连的链状尺寸,如图 8-9(a)所示。其中,尺寸 L 为尺寸 A,B,C 之和,其本身有一定的精度要求;而在加工时,尺寸 A,B,C 都会产生误差并积累到尺

寸 L 上。这样，若要保证尺寸 L 的精度，就必然要提高尺寸 A,B,C 每一段的精度，给加工带来困难。因此，当几个尺寸形成封闭的尺寸链时，应选择一个相对次要的尺寸不注，形成开口环，如图 8-9(b)中，尺寸 C 不注即可。加工后，该段尺寸误差将等于其他各尺寸的误差之和。

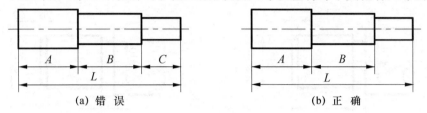

图 8-9　形成封闭的尺寸链

3. 标注尺寸应符合加工顺序

从加工工艺角度出发，为了便于加工和测量，应尽量按照零件实际加工的顺序来标注尺寸。例如图 8-10 所示的轴，尺寸 30 是长度方向的主要尺寸，应直接注出，其余都按加工顺序标注。为了便于备料，应注出轴的总长 116；加工时首先加工左端 $\phi30$ 的轴颈，注出尺寸 22；然后调头加工右端 $\phi30$，保证主要尺寸 30，加工 $\phi18$ 的轴颈，注出尺寸 24；最后分别加工退刀槽、螺纹和键槽等结构。这样既保证了设计要求，又符合加工顺序。标注尺寸时应注意不同的加工工艺尺寸分类集中标注，如图 8-10 中将车工尺寸与铣工尺寸上下分开标注，便于工人读图。

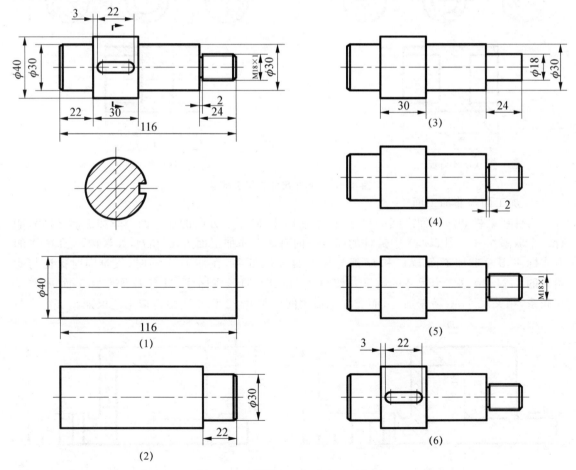

图 8-10　轴的加工顺序和尺寸标注

4. 标注尺寸应符合加工工艺、便于测量

(1) 标注的尺寸应符合加工工艺

图 8-11 中退刀槽的宽度是由割槽刀的宽度决定的，因此其宽度应直接标出。

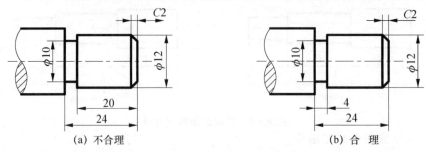

图 8-11 标注尺寸应符合加工工艺

(2) 标注的尺寸应便于测量

图 8-12 中键槽高度和套筒的轴向尺寸，按图 8-12(a) 的形式标注，键槽高度和套筒中的尺寸 B 测量不便；而按图 8-12(b) 的标注，键槽高度和套筒中的尺寸 A,C 均测量方便。

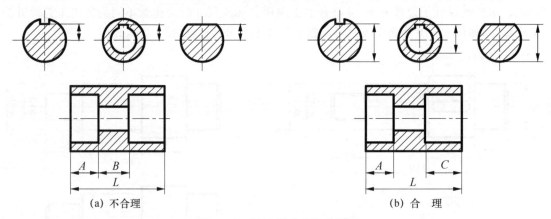

图 8-12 标注尺寸应便于测量

5. 加工面与非加工面

铸件或锻件非加工面之间的尺寸，应单独标注，同一个方向的加工面与非加工面之间只能有一个联系尺寸。图 8-13 中铸件的高度方向有 3 个非加工面 B,C 和 D，如果按 8-13(a) 的形式标注，3 个非加工面 B,C 和 D 都与加工面 A 有联系，在加工 A 面时，很难同时保证与此相关的 8,24,30 这 3 个尺寸的精度。按图 8-13(b) 的形式标注，只有 D 面与加工面 A 有尺寸联系，相关尺寸 30 易于加工，而非加工面之间的尺寸 22 和 6 应由铸造工艺保证。

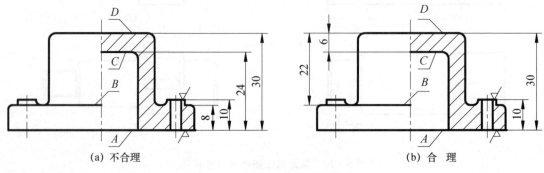

图 8-13 非加工面的尺寸标注

8.3.4 典型工艺结构的尺寸注法

零件上各种孔、倒角和退刀槽等常见工艺结构的尺寸注法如表 8－1 和表 8－2 所列。

表 8－1 常见孔的尺寸注法

类型	旁注法		普通注法	说明
光孔	4×φ5↧10	4×φ5↧10	4×φ5, 10	表示直径为 5 mm，深度为 10 mm，均匀分布的 4 个光孔
光孔	4×φ5H7↧10 ↧12	4×φ5H7↧10 ↧12	4×φ5, 10, 12	表示直径为 5 mm，深度为 12 mm，精加工深度为 10 mm，均匀分布的 4 个精加工光孔
沉孔	6×φ7 ⌵φ13×90°	6×φ7 ⌵φ13×90°	90°, φ13, 6×φ7	表示直径为 7 mm，锥形孔直径为 13 mm，锥角为 90°，均匀分布的 6 个锥形沉孔
沉孔	4×φ6 ⌴φ10↧3.5	4×φ6 ⌴φ10↧3.5	φ10, 3.5, 4×φ6	表示小直径为 7 mm，大直径为 10 mm，深度为 3.5 mm，均匀分布的 4 个柱形沉孔
沉孔	4×φ7 ⌴φ16	4×φ7 ⌴φ16	⌴φ16, 4φ×7	锪平面 φ16 的深度不需标注，一般锪平到不出现毛坯面为止

续表 8-1

类型	旁注法		普通注法	说明
螺孔	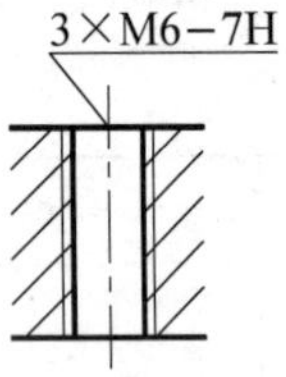 3×M6-7H	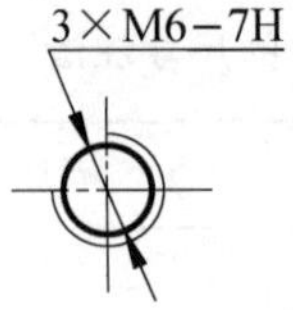 3×M6-7H	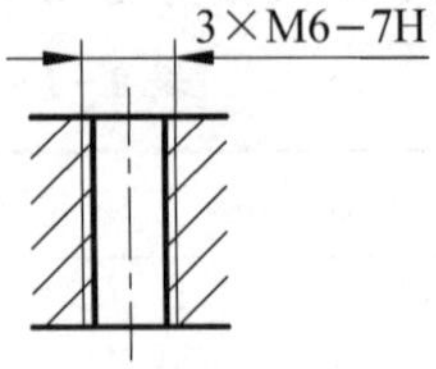 3×M6-7H	表示螺纹大径为 6 mm，均匀分布的 3 个螺孔
	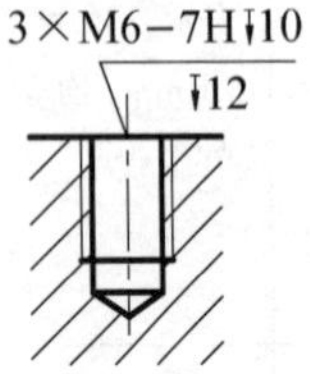 3×M6-7H↓10 ↓12	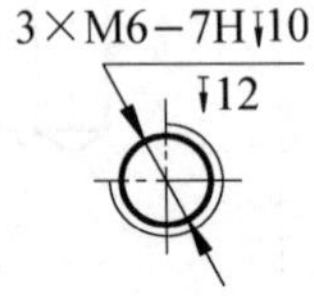 3×M6-7H↓10 ↓12	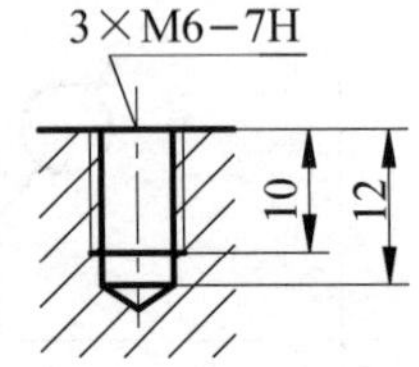 3×M6-7H	表示螺纹大径为 6 mm，螺孔深度为 10 mm，钻孔深度为 12 mm，均匀分布的 3 个螺孔
	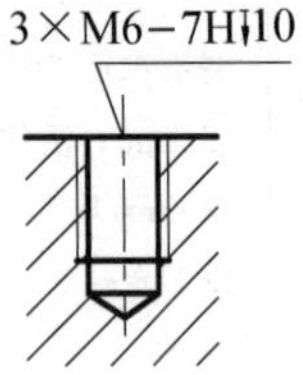 3×M6-7H↓10	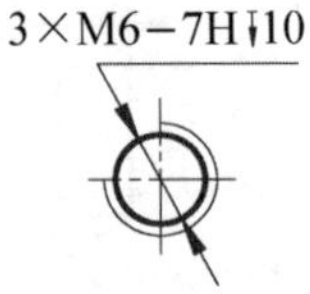 3×M6-7H↓10	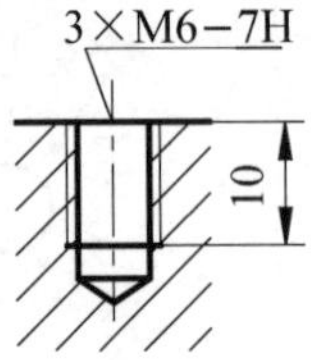 3×M6-7H	对钻孔深度无一定要求，可不标注，一般加工到比螺孔稍深即可

表 8-2 倒角和退刀槽的尺寸注法

类型	标注方法	说明
倒角	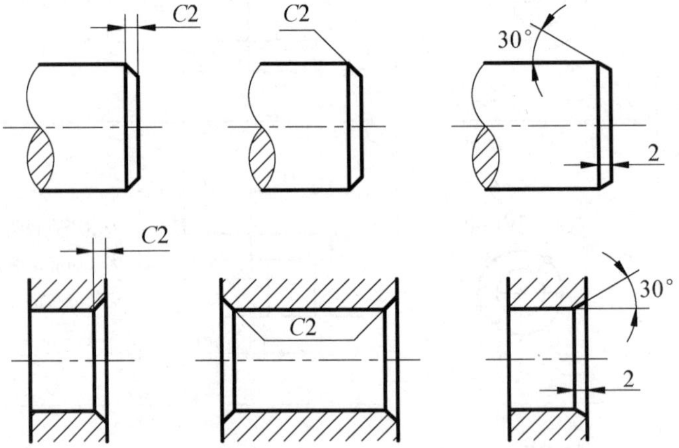 C2、C2、30°/2、C2、C2、30°/2	一般 45°倒角按"C 倒角宽度"注出。非 45°倒角，应分别注出倒角宽度和角度
退刀槽	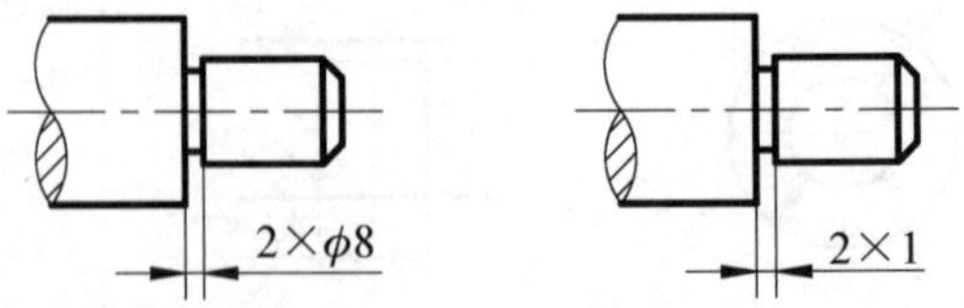 2×φ8、2×1	为了便于选择割槽刀，一般按"槽宽×槽深"或"槽宽×直径"注出

8.4 零件图的技术要求

在零件图中,除了要正确地表达零件的结构形状和尺寸外,还要用符号标注或用文字直接说明零件在加工、检验、装配和使用时的技术要求,如零件的表面结构、尺寸公差、形状和位置公差、零件的热处理以及其他特殊要求等。本节主要介绍表面结构、尺寸公差、形状和位置公差等技术要求的基本内容及其标注方法。

8.4.1 表面结构的图样表示法

表面结构是表面粗糙度、表面波纹度、表面缺陷、表面纹理和表面几何形状的总称。表面结构的各项要求在图样上的表示法在 GB/T 131—2006 中均有具体规定。

1. 表面粗糙度的基本概念

零件被加工的表面,无论看起来多么光亮,在放大镜或显微镜下都可以看到许多加工留下的微小的凹凸不平的刀痕。表面粗糙度就是指零件加工表面上具有的较小间距和峰谷所组成的微观几何形状特征。

表面粗糙度表明了零件被加工表面在微小的区间内高低不平的程度,对零件的配合质量、耐磨性、抗腐蚀性、疲劳强度、密封性和外观等都有影响,是评定零件表面质量的一项重要技术指标。零件的表面粗糙度直接与加工工艺和加工成本有关,其数值越小,零件被加工表面越光滑,但加工成本越高。因此,应在满足零件使用要求的前提下,合理地选择各个表面的表面粗糙度数值。

2. 评定表面结构常用的轮廓参数

零件表面结构状况可由三个参数组加以评定:轮廓参数、图形参数、支承率曲线参数。其中,轮廓参数是我国机械图样中目前最常用的评定参数。本节仅介绍轮廓参数中评定粗糙度轮廓(R 轮廓)的两个高度参数 Ra 和 Rz。

(1) 算术平均偏差 Ra 指在一个取样长度内,纵坐标 $z(x)$ 绝对值的算术平均值,如图 8-14 所示。

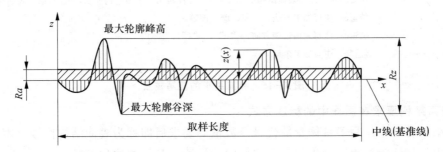

图 8-14 轮廓算术平均偏差 Ra 和轮廓的最大高度 Rz

(2) 轮廓的最大高度 Rz 指在同一取样长度内,最大轮廓峰高与最大轮廓谷深之和的高度,如图 8-14 所示。国家标准推荐的 Ra 优先选用系列如下:0.012,0.025,0.05,0.1,0.2,0.4,0.8,1.6,3.2,6.3,12.5,25,50,100。

3. 标注表面结构的图形符号

标注表面结构要素要求时的图形符号尺寸如表 8-3 所列。

表 8-3 标注表面结构要求的图形符号

符号名称	符号	含 义
基本图形	$d'=0.35$ mm (d' 为符号线宽) $H_1=5$ mm $H_2=10.5$ mm	未指定工艺方法的表面,当通过一个注释解释时可单独使用
扩展图形		用去除材料方法获得的表面;仅当其含义是"被加工表面"时可单独使用 不去除材料的表面,也可用于表示保持上道工序形成的表面,不管这种状况是通过去除或不去除材料形成的
完整图形		当要求标注表面结构特征的补充信息时,在上述三个符号的长边上可加一横线,用于标注有关参数或说明
工件轮廓各表面的图形符号		在上述三个带横线符号上均可加一小圆,表示所有表面具有相同的表面结构要求

4. 表面结构要求在图形符号中的注写位置

为了明确表面结构要求,除了标注表面结构参数和数值外,必要时应标注补充要求,包括传输带、取样长度、加工工艺、表面纹理及方向、加工工艺、加工余量等。这些要求在图形符号中的注写位置如图 8-15 所示。

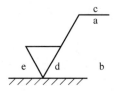

位置a和b:注写表面结构的单一要求,a注写第一表面结构要求,b注写第二表面结构要求。
位置c:注写加工方法,如车、磨、镀等。
位置d:注写表面纹理方向,"="、"×"、"M"。
位置e:注写加工余量。

图 8-15 补充要求的注写位置

5. 表面结构要求在图样中的标注方法

表面结构符号中注写了具体参数代号及数值等要求后即称为表面结构代号。表面结构要求在图样中的标注就是表面结构代号在图样中的标注。具体注法如下:

(1) 表面结构要求对每一表面一般只注一次,并尽可能注在相应的尺寸及其公差的同一视图上。除非另有说明,所标注的表面结构要求是对完工零件的表面要求。

(2) 表面结构的注写和读取方向与尺寸的注写和读取方向一致。表面结构要求可标注在轮廓线上,其符号应从材料外指向并接触表面,如图 8-16 所示。必要时,表面结构也可用带箭头或黑点的指引线引出标注,如图 8-17 所示。

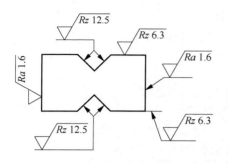

图 8-16 表面结构要求在轮廓线上的标注

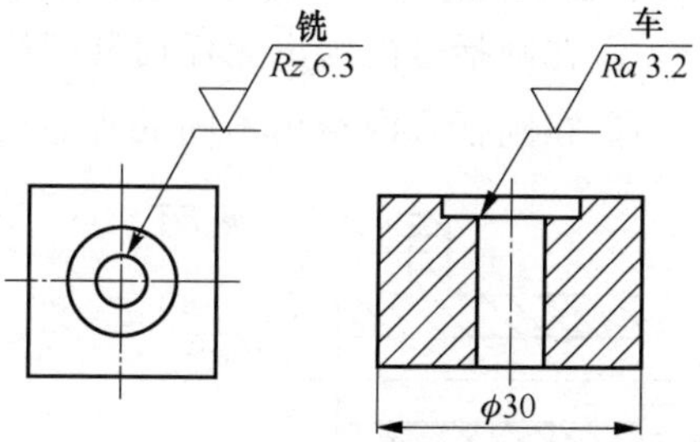

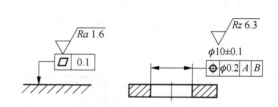

图 8-17 用指引线引出标注的表面结构要求

(3) 在不致引起误解时,表面结构要求可以标注在给定的尺寸线上,如图 8-18 所示。

(4) 表面结构要求可标注在几何公差框格的上方,如图 8-19 所示。

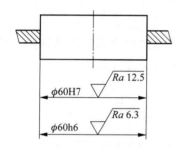

图 8-18 表面结构要求标注在给定的尺寸线上

图 8-19 表面结构要求标注在几何公差框格的上方

(5) 表面结构要求标注在圆柱特征的延长线上,如图 8-20 所示。

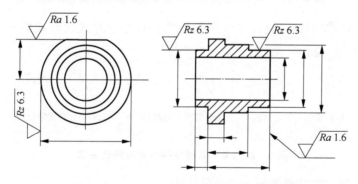

图 8-20 表面结构要求标注在圆柱特征的延长线上

(6) 圆柱和棱柱的表面结构要求只标注一次,如果每个棱柱表面有不同的表面结构要求,则应分别单独标注,如图 8-21 所示。

6. 表面结构要求在图样中的简化注法

(1) 有相同要求的表面结构的简化注法

如果在工件的多数(包括全部)表面有相同的表面结构要求时,则其表面结构要求可统一标注在图样的标题栏附近(不同的表面结构要求应

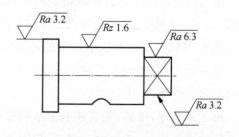

图 8-21 圆柱和棱柱的表面结构要求的注法

直接标注在图形中)。此时,表面结构要求的符号后面应有:

① 在圆括号内给出无任何其他标注的基本符号,如图 8-22(a)所示。

② 在圆括号内给出不同的表面结构要求,如图 8-22(b)所示。

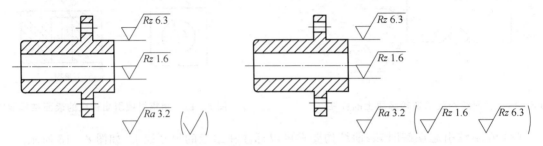

图 8-22 大多数表面有相同表面结构要求的简化注法

(2) 多个表面有共同要求的注法

① 用带字母的完整符号的简化注法。用带字母的完整符号以等式的形式在图形或标题栏附近对有相同表面结构要求的表面进行简化标注,如图 8-23 所示。

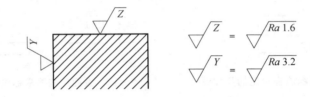

图 8-23 在图纸空间有限时表面结构要求的简化注法

② 只用表面结构符号的简化注法。用表面结构符号以等式的形式给出多个表面共同的表面结构要求,如图 8-24 所示。

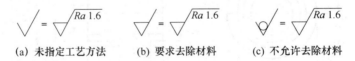

(a) 未指定工艺方法　　(b) 要求去除材料　　(c) 不允许去除材料

图 8-24 多个表面结构要求的简化注法

(3) 两种或多种工艺获得的同一表面的注法

由几种不同的工艺方法获得的同一表面,当需要明确每种工艺方法的表面结构要求时,可按图 8-25(a)所示进行标注(图中 Fe 表示基本材料为钢,Ep 表示加工工艺为电镀)。

图 8-25(b)所示为三个连续的加工工序的表面结构、尺寸和表面处理的标注。

第一道工序:单向上限值,$Rz=1.6\,\mu m$,"16%规则"(默认),默认评定长度,默认传输带,表面纹理没有要求,去除材料工艺。

第二道工序:镀铬,无其他表面结构要求。

第三道工序:一个单向上限值,仅对长为 50 mm 的圆柱表面有效,$Rz=6.3\,\mu m$,"16%规则"(默认),默认评定长度,默认传输带,表面纹理没有要求,磨削加工,去除材料工艺。

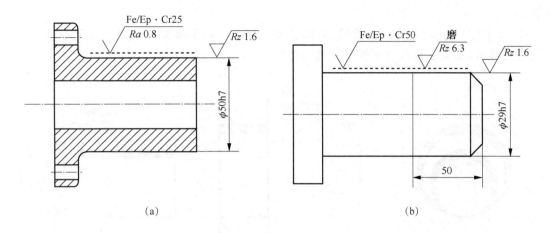

图 8-25 多种工艺获得的同一表面的注法

8.4.2 极限与配合

1. 极限与配合的基本概念

在规格相同的一批零件中任取一件,不经任何挑选、修配或调整,装到机器或部件上都能保证达到使用要求,这种性质称为互换性。在现代化大规模生产中,零件具有互换性可以为机器、部件的制造、装配和维修等工作带来极大的便利,在提高生产效率、降低成本的同时,产品质量的稳定性也得到了根本的保证。

在制造过程中,由于加工和测量等原因,零件必然会出现一定的误差,为了保证零件的互换性而把尺寸做得绝对准确是不经济的,也是做不到的。实际生产中,在保证零件具有互换性的前提下,必须给出零件尺寸允许变动的范围。同时根据使用要求的不同,两零件结合的松紧程度也会不同。为此,国家制定了极限与配合的标准。

2. 尺寸公差与公差带

(1) 与尺寸公差有关的术语

图 8-26 为极限与配合的示意图,图中有关术语的定义如下。

① 基本尺寸:设计时根据零件的使用要求确定的尺寸。通过它应用上、下偏差可算出极限尺寸。

② 实际尺寸:通过测量获得的某一孔、轴的尺寸。

③ 极限尺寸:一个孔或轴允许的尺寸的两个极端。其允许的最大尺寸称为最大极限尺寸,允许的最小尺寸称为最小极限尺寸。

④ 偏差:某一尺寸(实际尺寸、极限尺寸)减去其基本尺寸所得的代数差。

⑤ 极限偏差:极限尺寸减去其基本尺寸所得的代数差。极限偏差包括上偏差和下偏差。

⑥ 上偏差:最大极限尺寸减去其基本尺寸所得的代数差。孔和轴的上偏差分别用 ES 和 es 表示。

⑦ 下偏差:最小极限尺寸减去其基本尺寸所得的代数差。孔和轴的下偏差分别用 EI 和

ei 表示。

⑧ 尺寸公差：允许尺寸的变动量，简称公差。尺寸公差是最大极限尺寸与最小极限尺寸之差的绝对值，也是上偏差与下偏差之差的绝对值。

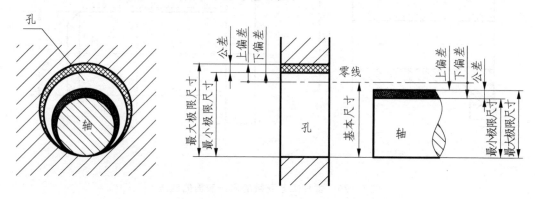

图 8-26 极限与配合示意图

例如，某轴的基本尺寸为 $\phi20$，其最大极限尺寸为 $\phi20.025$，最小极限尺寸 $\phi19.980$，则其上偏差、下偏差和公差分别为

上偏差＝最大极限尺寸－基本尺寸＝20.025－20＝＋0.025

下偏差＝最小极限尺寸－基本尺寸＝19.980－20＝－0.020

公差＝最大极限尺寸－最小极限尺寸＝20.025－19.980＝0.045

或

公差＝上偏差－下偏差＝＋0.025－（－0.020）＝0.045

（2）公差带

在图中，由代表上、下偏差或最大极限尺寸和最小极限尺寸的两条直线所限定的一个区域，称为公差带。这种表示上、下偏差和基本尺寸之间关系的简图，称为公差带图，如图 8-27 所示。在公差带图中，表示基本尺寸的一条水平直线称为零线，它是确定偏差和公差的基准线。从公差带图中可以看出，公差带由公差大小和公差带相对于零线的位置确定。

3. 标准公差和基本偏差

（1）标准公差

标准公差是标准中规定用来确定公差带大小的任一公差，如表 8-4 所列。标准公差等级代号由符号 IT 和数字组成，共分 20 个等级，依次为 IT01，IT0，IT1，IT2，…，IT18。IT 表示标准公差，数字表示公差等级。从 IT01 到 IT18，公差等级依次降低。

基本尺寸相同时，公差等级越高，公差数值越小，尺寸精度就越高。公差等级相同时，基本尺寸越大，其公差数值也越大，但被认为具有同等的精确程度。

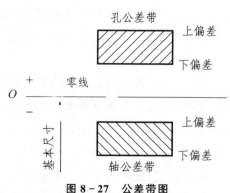

图 8-27 公差带图

表 8-4 标准公差数值(GB/T 1800.3—1998)

基本尺寸/mm		标准公差等级																		
		μm												mm						
大于	至	IT01	IT0	IT1	IT2	IT3	IT4	IT5	IT6	IT7	IT8	IT9	IT10	IT11	IT12	IT13	IT14	IT15	IT16	IT17	IT18
—	3	0.3	0.5	0.8	1.2	2	3	4	6	10	14	25	40	60	0.1	0.14	0.25	0.40	0.60	1.0	1.4
3	6	0.4	0.6	1	1.5	2.5	4	5	8	12	18	30	48	75	0.12	0.18	0.30	0.48	0.75	1.2	1.8
6	10	0.4	0.6	1	1.5	2.5	4	6	9	15	22	36	58	90	0.15	0.22	0.36	0.58	0.90	1.5	2.2
10	18	0.5	0.8	1.2	2	3	5	8	11	18	27	43	70	110	0.18	0.27	0.43	0.70	1.10	1.8	2.7
18	30	0.6	1	1.5	2.5	4	6	9	13	21	33	52	84	130	0.21	0.33	0.52	0.84	1.30	2.1	3.3
30	50	0.6	1	1.5	2.5	4	7	11	16	25	390	62	100	160	0.25	0.39	0.62	1.00	1.60	2.5	3.9
50	80	0.8	1.2	2	3	5	8	13	19	30	46	74	120	190	0.30	0.46	0.74	1.20	1.90	3.0	4.6
80	120	1	1.5	2.5	4	6	10	15	22	35	54	87	140	220	0.35	0.54	0.87	1.40	2.20	3.5	5.4
120	180	1.2	2	3.5	5	8	12	18	25	40	63	100	160	250	0.40	0.63	1.00	1.60	2.50	4.0	6.3
180	250	2	3	4.5	7	10	14	20	29	46	72	115	185	290	0.46	0.72	1.15	1.85	2.90	4.6	7.2
250	315	2.5	4	6	8	12	16	23	32	52	81	130	210	320	0.52	0.81	1.30	2.10	3.2	5.2	8.1
315	400	3	5	7	9	13	18	25	36	57	89	140	230	360	0.57	0.89	1.40	2.30	3.60	5.7	8.9
400	500	4	6	8	10	15	20	27	40	63	97	155	250	400	0.63	0.97	1.55	2.50	4.00	6.3	9.7

注:基本尺寸小于或等于 1 mm 时,无 IT14~IT18。

(2) 基本偏差

基本偏差是标准中用来确定公差带相对于零线位置的那个极限偏差。它可以是上偏差或下偏差,一般为靠近零线的那个偏差。公差带在零线上方时,基本偏差为下偏差;公差带在零线下方时,基本偏差为上偏差,如图 8-28 所示。公差大小由标准公差确定,而公差带相对于零线的位置则由基本偏差确定。

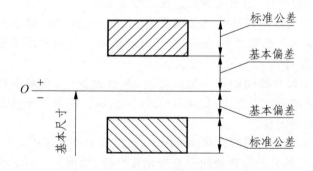

图 8-28 标准公差与基本偏差

标准规定了孔和轴的基本偏差代号各 28 个,形成基本偏差系列,如图 8-29 所示。其中,孔用大写字母 A,B,…,ZC 表示,轴用小写字母 a,b,…,zc 表示。

4. 配 合

基本尺寸相同的、相互结合的孔和轴公差带之间的关系,称为配合。

(1) 配合的种类

由于工作要求的不同,孔和轴之间的配合会产生不同的松紧情况。根据孔和轴公差带之

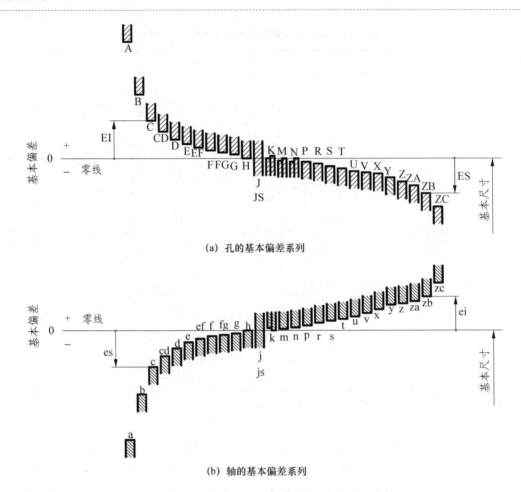

图 8-29 基本偏差系列

间的关系,配合分为间隙配合、过盈配合和过渡配合 3 类。

① 间隙配合:基本尺寸相同的孔和轴装配时,具有间隙(包括最小间隙等于零)的配合。此时,孔的公差带在轴的公差带之上,如图 8-30(a)所示。它主要用于孔和轴之间有相对运动或需要方便装拆的配合。

② 过盈配合:基本尺寸相同的孔和轴装配时,具有过盈(包括最小过盈等于零)的配合。此时,孔的公差带在轴的公差带之下,如图 8-30(b)所示。主要用于孔和轴之间没有相对运动,需要传递一定扭矩的配合。

③ 过渡配合:基本尺寸相同的孔和轴装配时,可能具有间隙或过盈(一般间隙和过盈量都不大)的配合。此时,孔的公差带和轴的公差带相互交叠,如图 8-30(c)所示。它主要用于孔和轴之间没有相对运动,又需要便于装拆的配合。

(2) 配合制

同一极限制的孔和轴组成配合的一种制度,称为配合制。在制造相互配合的零件时,如果孔和轴的公差带都可以任意变动,则配合情况较为复杂。为了便于零件的设计和制造,国家标准规定了基孔制和基轴制两种配合制度。

① 基孔制配合:基本偏差为一定的孔的公差带与不同基本偏差的轴的公差带形成各种配合的一种制度,如图 8-31 所示。基孔制的孔称为基准孔,其基本偏差代号为 H。孔的公差带

在零线之上,国家标准规定基准孔的下偏差为零。

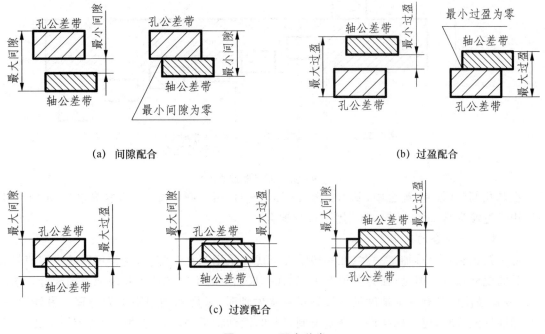

图 8-30 配合种类

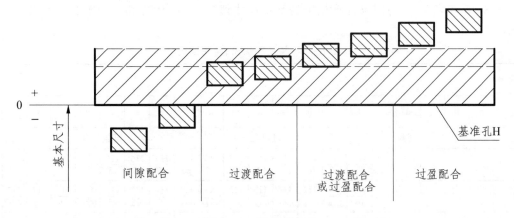

图 8-31 基孔制配合

② 基轴制配合:基本偏差为一定的轴的公差带与不同基本偏差的孔的公差带形成各种配合的一种制度,如图 8-32 所示。基轴制的轴称为基准轴,其基本偏差代号为 h。轴的公差带在零线之下,国家标准规定基准轴的上偏差为零。

5. 极限与配合的选用

(1) 优先和常用配合

国家标准规定的标准公差有 20 个等级,基本偏差有 28 种,可以组成大量的配合。为了便于设计与制造,对尺寸≤500 mm 的配合,国家标准规定了基孔制的常用配合 59 种,其中优先配合 13 种,如表 8-8 所列;基轴制的常用配合 47 种,其中优先配合 13 种,如表 8-9 所列。表中加注▲符号的为优先配合。

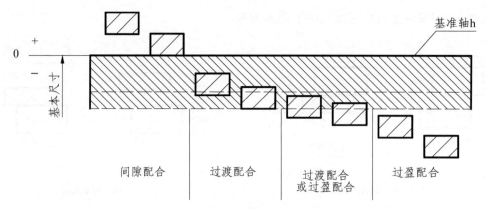

|间隙配合|过渡配合|过渡配合
或过盈配合|过盈配合|

图 8-32 基轴制配合

在基孔制(基轴制)配合中,基本偏差 a～h(A～H)用于间隙配合,基本偏差 j～n(J～N)一般用于过渡配合,p～zc(P～ZC)用于过盈配合。

(2) 极限与配合的选用

通常孔比轴相对难加工一些,在一般情况下优先采用基孔制配合,这样可以减少定值刀具和量具的规格数量。但是,在有些情况下,如在一根轴上的不同部位需要装配不同配合要求的零件,或者是使用具有一定精度的冷拔钢材直接做轴时,采用基轴制则更为合理。另外,当零件与标准件配合时,应按标准件选择基准制,例如,滚动轴承的内圈与轴的配合应按基孔制,而外圈与孔的配合应按基轴制。

表 8-5 和表 8-6 为国家标准规定的基本尺寸到 500 mm 优先和常用配合(GB/T 1801—1999)。

表 8-5　基孔制优先、常用配合

基准孔	轴																				
	a	b	c	d	e	f	g	h	js	k	m	n	p	r	s	t	u	v	x	y	z
	间隙配合								过渡配合				过盈配合								
H6						$\dfrac{H6}{f5}$	$\dfrac{H6}{g5}$	$\dfrac{H6}{h5}$	$\dfrac{H6}{js5}$	$\dfrac{H6}{k5}$	$\dfrac{H6}{m5}$	$\dfrac{H6}{n5}$	$\dfrac{H6}{p5}$	$\dfrac{H6}{r5}$	$\dfrac{H6}{s5}$	$\dfrac{H6}{t5}$					
H7						$\dfrac{H7}{f6}$	$\dfrac{H7}{g6}$▲	$\dfrac{H7}{h6}$▲	$\dfrac{H7}{js6}$	$\dfrac{H7}{k6}$▲	$\dfrac{H7}{m6}$	$\dfrac{H7}{n6}$▲	$\dfrac{H7}{p6}$▲	$\dfrac{H7}{r6}$	$\dfrac{H7}{s6}$▲	$\dfrac{H7}{t6}$	$\dfrac{H7}{u6}$▲	$\dfrac{H7}{v6}$	$\dfrac{H7}{x6}$	$\dfrac{H7}{y6}$	$\dfrac{H7}{z6}$
H8					$\dfrac{H8}{e7}$	$\dfrac{H8}{f7}$▲	$\dfrac{H8}{g7}$	$\dfrac{H8}{h7}$▲	$\dfrac{H8}{js7}$	$\dfrac{H8}{k7}$	$\dfrac{H8}{m7}$	$\dfrac{H8}{n7}$	$\dfrac{H8}{p7}$	$\dfrac{H8}{r7}$	$\dfrac{H8}{s7}$	$\dfrac{H8}{t7}$	$\dfrac{H8}{u7}$				
				$\dfrac{H8}{d8}$	$\dfrac{H8}{e8}$	$\dfrac{H8}{f8}$		$\dfrac{H8}{h8}$													
H9			$\dfrac{H9}{c9}$	$\dfrac{H9}{d9}$▲	$\dfrac{H9}{e9}$	$\dfrac{H9}{f9}$		$\dfrac{H9}{h9}$▲													
H10			$\dfrac{H10}{c10}$	$\dfrac{H10}{d10}$				$\dfrac{H10}{h10}$													
H11	$\dfrac{H11}{a11}$	$\dfrac{H11}{b11}$	$\dfrac{H11}{c11}$▲	$\dfrac{H11}{d11}$				$\dfrac{H11}{h11}$▲													
H12		$\dfrac{H12}{b12}$						$\dfrac{H12}{h12}$													

注: $\dfrac{H6}{n5}$, $\dfrac{H7}{p6}$ 在基本尺寸小于或等于 3 mm 和 $\dfrac{H8}{r7}$ 在小于或等于 100 mm 时,为过渡配合。

表 8-6 基轴制优先、常用配合

基准轴	孔																			
	A	B	C	D	E	F	G	H	JS	K	M	N	P	R	S	T	U	V	X	Y	Z
	间隙配合								过渡配合				过盈配合							
h5						$\frac{F6}{h5}$	$\frac{G6}{h5}$	$\frac{H6}{h5}$	$\frac{JS6}{h5}$	$\frac{K6}{h5}$	$\frac{M6}{h5}$	$\frac{N6}{h5}$	$\frac{P6}{h5}$	$\frac{R6}{h5}$	$\frac{S6}{h5}$	$\frac{T6}{h5}$					
h6						$\frac{F7}{h6}$	$\frac{G7}{h6}$	$\frac{H7}{h6}$▲	$\frac{JS7}{h6}$	$\frac{K7}{h6}$▲	$\frac{M7}{h6}$	$\frac{N7}{h6}$▲	$\frac{P7}{h6}$	$\frac{R7}{h6}$	$\frac{S7}{h6}$	$\frac{T7}{h6}$	$\frac{U7}{h6}$▲				
h7					$\frac{E8}{h7}$	$\frac{F8}{h7}$▲		$\frac{H8}{h7}$▲	$\frac{JS8}{h7}$	$\frac{K8}{h7}$	$\frac{M8}{h7}$	$\frac{N8}{h7}$									
h8				$\frac{D8}{h8}$	$\frac{E8}{h8}$	$\frac{F8}{h8}$		$\frac{H8}{h8}$													
h9				$\frac{D9}{h9}$▲	$\frac{E9}{h9}$	$\frac{F9}{h9}$		$\frac{H9}{h9}$▲													
h10				$\frac{D10}{h10}$				$\frac{H10}{h10}$													
h11	$\frac{A11}{h11}$	$\frac{B11}{h11}$	$\frac{C11}{h11}$▲	$\frac{D11}{h11}$				$\frac{H11}{h11}$▲													
h12		$\frac{B12}{h12}$						$\frac{H12}{h12}$													

6. 极限与配合的标注

(1) 在零件图上的标注

在零件图上,公差标注有以下 3 种形式。

① 标注公差带代号:在基本尺寸右边注出公差带代号,如图 8-33(a)所示。

② 标注极限偏差:在基本尺寸右上方注出上偏差,在基本尺寸的同一底线注出下偏差。上下偏差的字号应比基本尺寸的数字的字号小一号,如图 8-33(b)所示。

③ 同时标注公差带代号和极限偏差:在基本尺寸右边同时标注公差带代号和极限偏差数值,后者加圆括号,如图 8-33(c)所示。

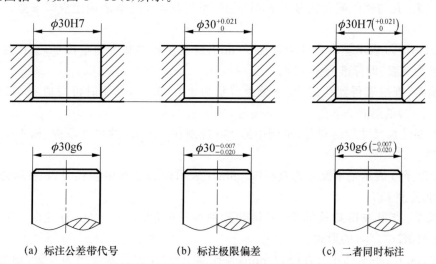

(a) 标注公差带代号　　(b) 标注极限偏差　　(c) 二者同时标注

图 8-33 零件图上的公差标注形式

在零件图上标注公差时应注意以下几点:

① 当标注极限偏差时,上下偏差的小数点必须对齐,小数点后右端的 0 一般不予注出;如果为了使上、下偏差值的小数点后的位数相同,可以用 0 补齐。

② 当上偏差或下偏差为"零"时,用数字 0 标出,并与下偏差或上偏差的小数点前的个位数对齐。

③ 当上下偏差的绝对值相同时,偏差数字可以只注写一次,并应在偏差数值与基本尺寸之间注出符号±,且两者数字高度相同。

(2) 在装配图上的标注

在装配图中标注配合代号时,必须在基本尺寸右边用分数的形式注出,分子和分母的位置分别标注孔和轴的公差带代号,其一般标注格式如下:

$$基本尺寸\frac{孔的公差带代号}{轴的公差带代号}$$

配合代号在装配图中的标注形式如图 8-34 所示。

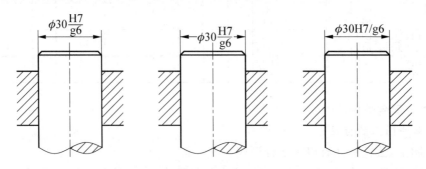

图 8-34 配合代号的标注

根据配合代号的标注可确定配合制,如分子中的基本偏差代号为 H,则孔为基准孔,孔与轴的配合一般为基孔制配合。若分母中的基本偏差代号为 h,则轴为基准轴,孔与轴的配合一般为基轴制配合。

【例题 1】 孔与轴的配合代号为 $\phi50H8/f7$,解释其含义并查表确定极限偏差。

解:

① $\phi50H8$:$\phi50$ 表示基本尺寸为直径 50 mm,H 表示孔的基本偏差代号,基孔制配合,8 表示公差等级为 8 级,即标准公差 IT8。

极限偏差:查附表得到孔的上、下偏差分别为 +0.039,0,标注时可写成 $\phi50H8$,$\phi50^{+0.039}_{0}$ 或 $\phi50H8(^{+0.039}_{0})$ 的形式。

查表时要注意尺寸段的划分,本例中的 $\phi50$ 应划在 40~50 的尺寸段内,而不能划在 50~65 的尺寸段。

② $\phi50f7$:$\phi50$ 表示基本尺寸为直径 50 mm,f 表示轴的基本偏差代号,7 表示公差等级为 7 级,即标准公差 IT7。

极限偏差:查附表得到轴的上、下偏差分别为 -0.025,-0.050,标注时可写成 $\phi50f7$,$\phi50^{-0.025}_{-0.050}$ 或 $\phi50f7(^{-0.025}_{-0.050})$ 的形式。

③ $\phi50H8/f7$:基本尺寸为直径 50 mm,基孔制配合,孔的公差等级为 8 级,轴的公差等级为 7 级,孔与轴间隙配合。

8.4.3 几何公差(形状、方向、位置和跳动公差)

1. 基本概念

几何公差是零件的实际形状和位置相对于理想形状和位置的允许变动量。

表面粗糙度反映了零件表面微观高低不平的程度,尺寸公差反映了零件尺寸的允许变动量。零件加工后,反映零件几何特征的点、线、面等几何要素,与理想状态相比也不会完全一致,其形状和位置必须有一定的准确度,才能满足零件的使用和装配要求,保证互换性。因此,几何公差同尺寸公差、表面粗糙度一样,是评定零件质量的一项重要指标。

2. 几何公差的符号及代号

(1) 几何公差的项目及符号

几何公差在图样上的注法应按照 GB/T 1182—2008 规定,各项目的名称及对应符号如表 8-7 所列。

表 8-7 几何公差的几何特征和符号

公差类型	几何特征	符号	有无基准	公差类型	几何特征	符号	有无基准
形状公差	直线度	—	无	位置公差	位置度	⊕	有或无
	平面度	▱	无		同轴度	◎	有
	圆度	○	无		对称度	=	有
	圆柱度	⌀	无		线轮廓度	⌒	有
	线轮廓度	⌒	无		面轮廓度	⌓	有
	面轮廓度	⌓	无				
方向公差	平行度	∥	有	跳动公差	圆跳动	↗	有
	垂直度	⊥	有		全跳动	↗↗	有
	倾斜度	∠	有				
	线轮廓度	⌒	有				
	面轮廓度	⌓	有				

(2) 几何公差的代号

国家标准规定几何公差应采用代号的形式标注在图纸上,当无法采用代号标注时,允许在技术要求中用文字说明。

几何公差的代号由公差框格和带箭头的指引线组成。公差框格是用细实线绘出矩形方框,由两格或多格组成,水平或垂直放置。框格高为图纸中数字高的两倍,即若框格中的字母和数字高为 h,框格高为 $2h$。框格内从左到右填写公差特征的符号、公差数值和有关符号、基准代号的字母和有关符号,如图 8-35 所示。

用带箭头的指引线将公差框格与被测要素相连,如图 8-35 所示。箭头置于被测要素的轮廓线或轮廓线的延长线上。

(3) 基准代号

对有位置公差要求的零件,应在图上注明基准代号。

基准代号由基准符号、方格、连线和字母组成。基准符号用一个涂黑的三角形表示,应放置在基准要素的可见轮廓线或轮廓线的延长线或轴线上。方格用细实线绘制,基准符号与方格之间用细实线相连,方格内填写与公差框格内相应的大写字母,高度同尺寸数字相同,如图8-36(a)所示。不论基准代号的方向如何,字母都应水平书写,如图8-36(b)所示。

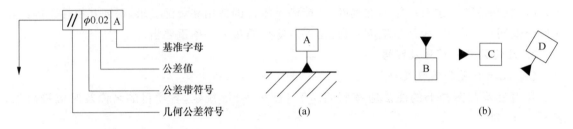

图8-35 几何公差代号　　　　　　　　图8-36 基准代号

3. 几何公差的标注方法

(1) 当基准要素或被测要素为轮廓线或表面时,基准符号应靠近该基准要素,箭头应指向相应被测要素的轮廓线或引出线,并应明显地与尺寸线错开,如图8-37所示。

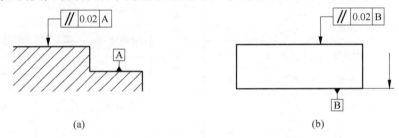

图8-37 基准、被测要素为线或面

(2) 当基准要素或被测要素为轴线、球心或中心平面时,基准符号、箭头应与相应要素的尺寸线对齐,如图8-38所示。

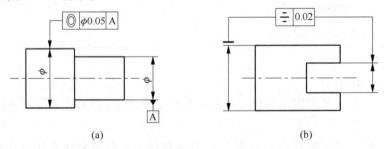

图8-38 基准、被测要素为轴线、球心或中心平面

(3) 当表示整体轴线(单一要素的轴线或各要素的公共轴线、公共中心平面)时,箭头应指向或短划应靠近公共轴线(或公共中心线),如图8-39所示。

(4) 同一要素有多项几何公差要求时,可采用公差框格并列的形式标注,如图8-40(a)所示。多个被测要素有相同几何公差要求时,可以从框格引出的指引线上绘制多个指示箭头,

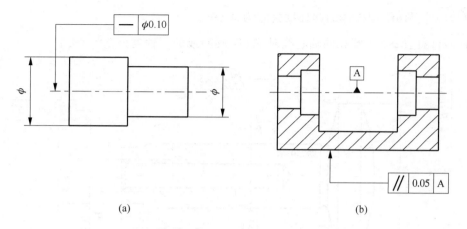

图 8-39 基准、被测要素为整体轴线

并分别与被测要素相连,如图 8-40(b)所示。

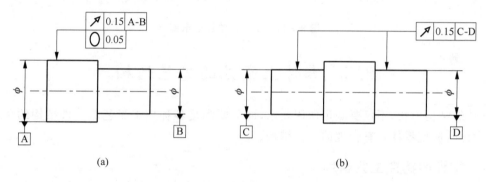

图 8-40 多项要求的标注方法

(5) 在公差框格的周围(一般是上方或下方),可附加文字以说明公差框格中所标注几何公差的其他附加要求,如说明内容是属于被测要素数量的,规定在上方;属于解释性的,规定在下方,如图 8-41 所示。

(6) 当任选基准时的标注方法如图 8-42 所示。

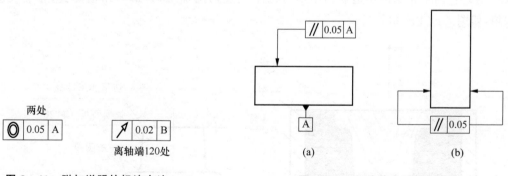

图 8-41 附加说明的标注方法

图 8-42 任选基准时标注方法

4. 几何公差在图样上的标注示例

几何公差在图样上的标注示例如图 8-43 所示。

↗ 0.03 A :SR750 的球面对 $\phi 16f7$ 轴线的圆跳动公差为 0.03;

⌖ 0.005 : φ16f7 圆柱体的圆柱度公差为 0.005；

◎ φ0.1 A : M8×1 螺孔的轴心线对 φ16f7 轴心线的同轴度公差为 φ0.1。

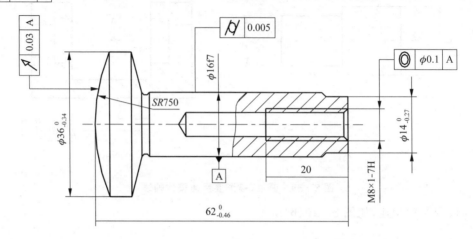

图 8-43 几何公差标注示例

8.5 零件上常见的工艺结构

零件的结构形状，不仅要满足使用要求，而且要满足各种加工工艺对零件结构的要求，因此，在设计时应使零件具有合理的工艺结构。

8.5.1 零件的铸造工艺结构

1. 铸造圆角

为了防止起模时在尖角处落砂，浇铸时金属液冲坏砂型，避免铸件冷却时产生裂纹或缩孔等铸造缺陷，在铸件各表面转角处都应做成圆角，称为铸造圆角。

铸造圆角半径一般取壁厚的 0.2~0.4 倍，通常在技术要求中统一标注，如"未注铸造圆角为 R3~R5"。两个相交的铸造表面中如有一个经过切削加工，铸造圆角被切去，相交处应变成尖角，如图 8-44 所示。

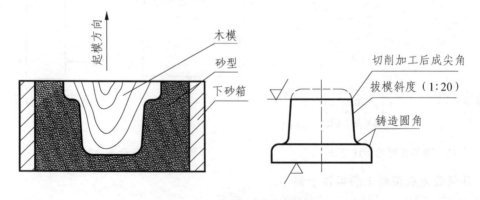

图 8-44 铸造圆角与拔模斜度

由于铸造圆角的存在,两相交表面的相贯线实际上已经不存在了,但为了区分不同的形体表面,仍要画出这条相贯线,这种假想的交线称为过渡线。过渡线的画法和相贯线相同,只是其端点处不与圆角轮廓线接触。

① 两回转体相交时的过渡线画法如图 8-45 所示。

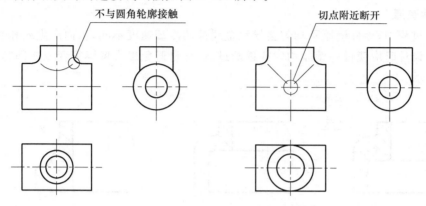

图 8-45 两回转体相交过渡线的画法

② 肋板与平面相交时的过渡线画法如图 8-46 所示。

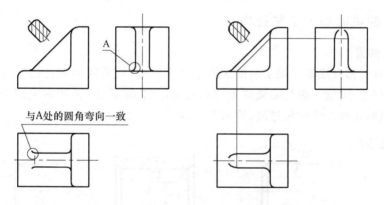

图 8-46 肋板与平面相交时过渡线的画法

③ 肋板与回转体相交时的过渡线画法如图 8-47 所示。

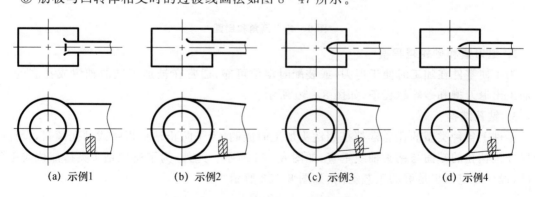

图 8-47 肋板与回转体相交过渡线的画法

2. 拔模斜度

在制作铸造砂型时,为了便于取模,零件的内、外壁沿起模方向应有一定的斜度,称为拔模斜度,如图 8-36 所示。拔模斜度一般为 1:20 或 1°~3°。斜度较小时,在图上可不画出,若斜度较大,则应画出,也可在技术要求中用文字说明。

3. 铸件壁厚

在浇铸过程中,零件壁厚不均匀会导致金属液的冷却速度不同,从而产生缩孔和裂纹等缺陷,因此,在设计时应使铸件壁厚均匀或逐渐过渡,尽量避免出现壁厚突变或局部肥大现象,如图 8-48 所示。

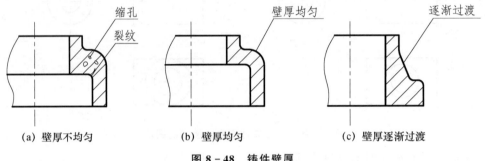

图 8-48 铸件壁厚

8.5.2 零件的机械加工工艺结构

1. 倒角和倒圆

为了便于装配和去除零件加工后形成的毛刺或锐边,通常将轴和孔的端部加工成一个小圆锥面,称为倒角。倒角一般与轴线成 45°角,有时也用 30°或 60°。为避免因应力集中而产生裂纹,一般在轴肩处加工成圆角过渡,称为倒圆,如图 8-49 所示。

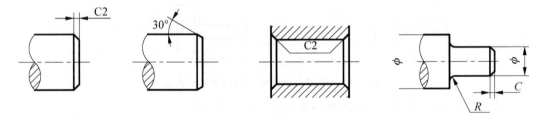

图 8-49 倒角和倒圆

2. 退刀槽和砂轮越程槽

为了使零件在加工时便于退刀,或装配时定位可靠,通常在被加工轴的轴肩或孔底处,预先加工出退刀槽和砂轮越程槽,如图 8-50 所示。

3. 钻孔结构

零件上各种类型的孔通常都是用钻头加工而成的,为了防止钻头折断或钻孔倾斜,设计时应保证被钻孔的端面与钻头轴线垂直,如图 8-51 所示。此外,为了避免钻头夹持部位与零件干涉,设计时应留出足够的工艺空间,如图 8-52 所示。

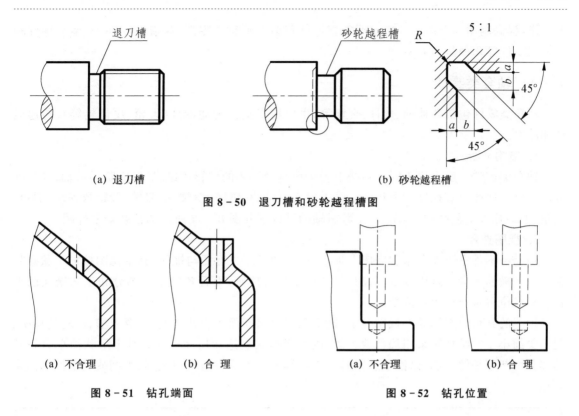

图 8-50 退刀槽和砂轮越程槽图

图 8-51 钻孔端面　　图 8-52 钻孔位置

4. 凸台和凹坑

为了保证零件装配时接触良好,零件与零件的接触面都要加工,为了既减少加工面积,又使零件接触平稳,常在零件的接触面设计出凸台、凹坑或凹槽等结构,如图 8-53 所示。

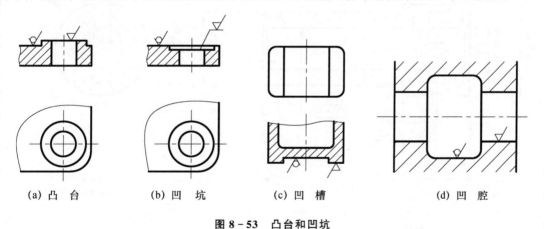

图 8-53 凸台和凹坑

8.6 典型零件的表达方法

任何一个零件的结构形状和技术要求,都是根据其在机器或部件中的作用以及加工工艺方面的要求设计确定的。因此,各个零件的结构形状千差万别,零件图的表达方法也必然各不相同。但这并不是说它们之间毫无联系,可以通过分析其具有共性的特征,掌握零件表达的一一般规律，提高制图与读图的效率。通常把零件归纳为轴套类零件、盘盖类零件、叉架类零件和箱体类零件等几种基本类型。

8.6.1 轴套类零件

轴套类零件包括各种轴、丝杆、套筒等，主要用来支撑传动零件（齿轮、皮带轮等）、传递运动和动力。

1. 结构分析

轴套类零件一般由位于同一轴线上若干段直径不等的回转体组成，形成阶梯形轴，其长度方向的尺寸往往比直径尺寸大得多。轴上通常有轴肩、键槽、螺纹、退刀槽、砂轮越程槽、倒角、圆角、中心孔等工艺结构，如图8-1所示轴的零件图和图8-54所示的柱塞套零件图。

2. 视图选择

轴套类零件主要在车床和磨床上加工，为了便于工人看图与操作，其主视图按加工状态将轴线水平横向放置。这样放置不仅是符合加工位置原则，而且各段主要部分和工艺结构的形状及相对位置也均可表示清楚。

轴上的孔可以采用局部视图表示，键槽采用移出断面图表达深度，而退刀槽、砂轮越程槽、圆角等细小工艺结构则采用局部放大图，以便于形状表达和尺寸标注。对于形状简单且较长的部分可断开缩短绘制，以便节省图幅。空心轴和套类零件可采用全剖、半剖或局部剖视图来表达。

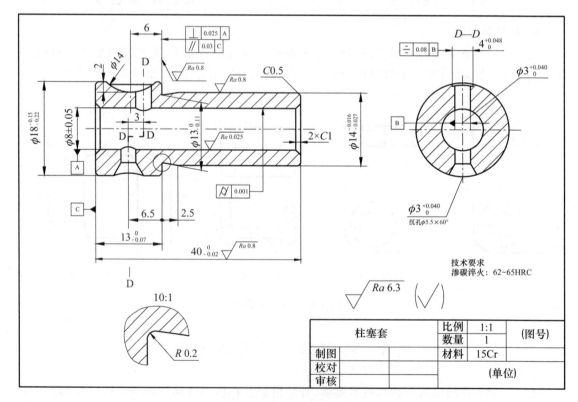

图8-54 柱塞套零件图

3. 尺寸标注

轴套类零件一般以端面或重要轴肩端面作为长度方向主要尺寸基准,径向以轴线为尺寸基准。在长度方向上,除了主要基准外,为了加工和测量的方便,还常需要增加一个或多个辅助基准,主要基准与辅助基准之间应有尺寸联系。

标注尺寸要求正确地标出轴上各段结构的径向和长度方向尺寸,还应注意按照加工顺序以及不同工序分类集中标注。

4. 技术要求

根据零件各段工作情况和配合要求确定表面粗糙度、尺寸公差和形位公差。

8.6.2 盘盖类零件

盘盖类零件包括各种齿轮、皮带轮、手轮、端盖、法兰盘等,主要起传递扭矩、支承、定位和密封的作用。

1. 结构分析

盘盖类零件的基本形状一般为同轴回转体或扁平盘状结构,其厚度方向的尺寸比其他两个方向的尺寸小得多。其上常有肋、轮辐、键槽、螺孔、均布安装孔、凸台和凹坑等结构。这类零件通常由铸造或锻造毛坯经切削加工而成,如图8-55所示的端盖。

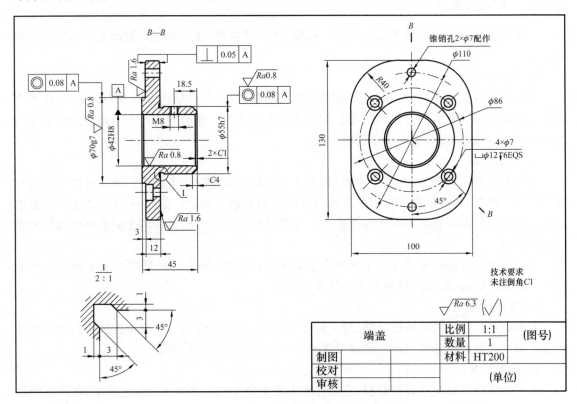

图 8-55 端盖零件图

2. 视图选择

盘盖类零件主要加工工序还是在车床上进行,因此,其主视图一般按加工状态将轴线水平放置,即按厚度方向放置主视图。常用单一剖切、阶梯剖或旋转剖等方式作全剖或半剖视图表示内部结构和相对位置。

除主视图外,还要根据零件的具体情况增加一个左视图或俯视图,以便表示零件的整体轮廓以及孔、筋、槽等结构的相对位置。对于一些细小结构则可采用局部剖视图、断面图、局部放大图等方式表达。

3. 尺寸标注

盘盖类零件一般以经过加工的配合端面作为长度方向(即厚度方向)的主要尺寸基准,宽度方向和高度方向一般以回转轴线或主要形体的对称轴线为尺寸基准。对于结构较复杂的零件,在长度方向上可考虑增加辅助基准以便于加工。

标注尺寸一般按照定形尺寸和定位尺寸分别标注即可。

4. 技术要求

配合端面或定位表面一般要求较高,除了表面粗糙度和尺寸精度外,端面之间、端面与轴线之间以及轴线之间常有垂直度、端面圆跳动度和同轴度等形位公差要求。为了保证必要的装配精度,方便加工和测量,均布的安装孔除了考虑其位置要求外,还要尽量和它对应的安装零件的标注保持一致。

8.6.3 叉架类零件

叉架类零件主要包括各类支架、连杆、摇臂、拨叉等零件,在机器中一般起支撑、连接、操纵等作用。

1. 结构分析

叉架类零件形式多样、形状复杂,按照各部分所起的作用,其结构大致分为支承、工作和连接3个部分。其上常有圆孔、螺孔、凸台和凹坑等工艺结构。这类零件通常由铸造或锻造毛坯经切削加工而成,如图8-56所示的脚踏座。

2. 视图选择

叉架类零件结构复杂,加工工序多,加工位置经常变化,因此,主视图一般按自然安放位置或工作位置布置,选择最能反映形状特征的方向作为投影方向。一般主视图反映零件的整体轮廓、结构,用局部剖视图来表达细部结构。有些情况下主视图也可采用全剖或半剖视图来表达内部结构。

叉架类零件一般还要增加一个或多个基本视图,以便将零件的次要结构表示清楚。对于零件上的倾斜结构,需要用斜视图表达其真实形状。

3. 尺寸标注

叉架类零件一般以安装配合面、较大的加工平面、主要孔的轴线或对称面作为长、宽、高三个方向的尺寸基准。标注尺寸也是按照定形尺寸和定位尺寸分别标注。

4. 技术要求

叉架类零件一般对安装配合面、安装孔的表面粗糙度和尺寸精度有较高要求,各个功能结构之间还常有垂直度、圆度和平行度等形位公差要求。

8.6.4 箱体类零件

箱体类零件主要有机器或部件的机壳、机座等,用于支承、容纳其他零件。

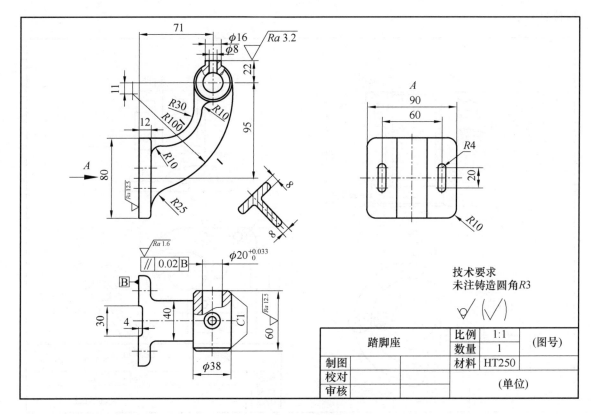

图 8-56 脚踏座零件图

1．结构分析

这类零件常由薄壁围成腔体，内、外形状结构都比较复杂。其毛坯多为铸造件，安装、配合面须经切削加工，且切削工序较多。零件上通常有支撑孔、注油孔、放油孔、螺孔、安装孔和加强筋等功能结构，以及铸造圆角、拔模斜度、凸台和凹坑等工艺结构，如图 8-57 所示的泵座。

2．视图选择

箱体类零件结构形状复杂，加工工序多，加工位置经常变化，因此，主视图一般按工作位置或自然安放位置布置，选择最能反映形状特征和各结构相对位置的方向作为投影方向。一般主视图反映零件的整体轮廓和结构特征，用局部剖视图来表达内部或细部结构。

箱体类零件一般还要采用多个基本视图，用全剖、半剖或局部剖视图的形式，再根据具体情况增加断面图、向视图、局部视图和局部放大图，以便将零件的各个部分的内外结构表达清楚。

3．尺寸标注

箱体类零件一般以安装配合面、较大的加工平面、主要孔的轴线或对称面作为长、宽、高三个方向的主要尺寸基准。结构复杂的部分，根据需要增加辅助基准。

标注尺寸时，重要的尺寸直接标出，其他的按照定形尺寸和定位尺寸分别标出。标注时应注意按照加工顺序以及不同工序分类标注。

4．技术要求

根据零件使用要求、工作情况确定各加工面的表面粗糙度、尺寸公差以及各个形体之间的形位公差。

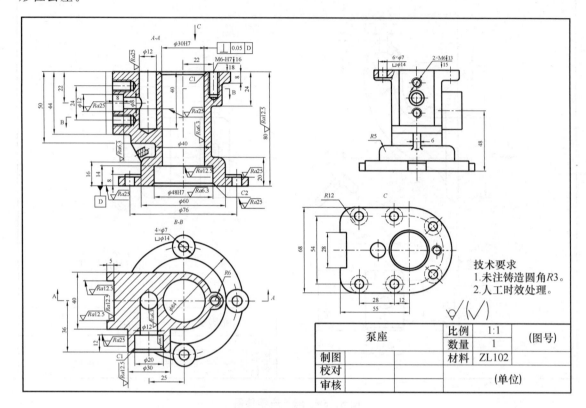

图 8-57　泵座零件图

8.7　读零件图

8.7.1　读零件图的要求

具体要求如下。

① 了解零件的名称、材料和用途。
② 分析视图，理解零件各部分的结构形状和功用。
③ 理解零件的尺寸标注和技术要求，基本了解其设计意图和制造工艺。

8.7.2　读零件图的方法和步骤

下面以图 8-58 所示铣刀头零件图为例，说明读零件图的方法和步骤。

1. 读标题栏

从标题栏中了解零件的名称、材料、比例等基本内容。联系典型零件的主要特征，初步了解零件的大致用途、结构特点和加工工艺。

从图 8-58 中的标题栏可知，零件的名称为铣刀头，是用于支撑铣刀的座体，属于箱体类零件。中间的空腔结构用于安装铣刀和滚动轴承等零件，结构较为复杂，加工工序较多。材料是灰铸铁，零件毛坯是铸造而成，应有铸造圆角、拔模斜度等结构。绘图比例是 1∶1，零件实际大小与图形一致。

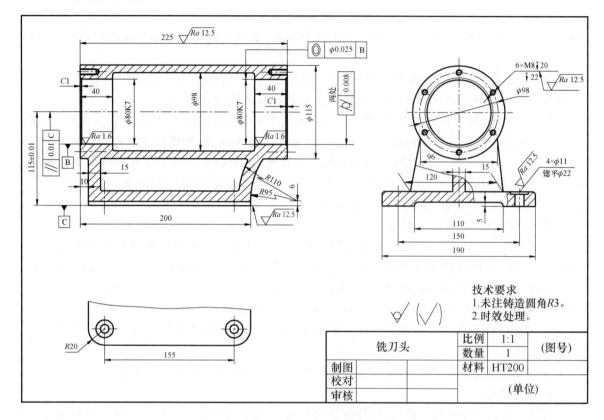

图 8-58 铣刀头零件图

2．分析视图

根据图纸布局、图形特征和各视图之间的投影关系，首先找出主视图，再明确其他视图的位置。弄清各视图的投影方向和相互关系，结合剖切方法、位置，理解其所要表达的内容。

铣刀头零件图采用了主视图、左视图两个基本视图和一个局部视图。主视图为全剖视图，表达了铣刀头沿水平轴线（即铣刀轴线）剖切后的内部结构以及部分底板和支撑肋板的形状结构。左视图为外形图，表达了铣刀安装腔体的侧面外形和螺孔分布情况、底板上安装孔的通孔结构、凹槽结构以及支撑肋板的部分形状结构。另外，为了补充表达安装孔在长度方向的距离，又增加了一个局部视图。

3．想象结构形状

分析图形的基本方法是运用形体分析、线面分析以及剖视图的读图方法，按照先整体后细节、先主要部分后次要部分的原则，逐步理解各个部分的形状，最后结合各个结构的尺寸和功用，综合想象零件的整体大小和结构形状。

分析图 8-58 中各个视图及其投影关系可知，铣刀头主要由圆柱腔体、安装底板和支撑肋板 3 个部分组成。腔体为圆柱筒结构，内腔左右两段用于安装滚动轴承，中间段为凹槽结构，以减少加工面积；腔体两端面有均匀分布的螺孔，用于安装端盖。底板为带凹槽结构的平板，上有 4 个安装孔。支撑肋板由左边和中间的平板、右边的圆弧板组成，工字形分布，将腔体和底板连接成一个整体。

4. 分析尺寸和技术要求

首先找到长、宽、高3个方向的主要尺寸基准，再根据尺寸基准和结构功用明确主要尺寸和次要尺寸，检查有无辅助基准。然后按形体分析法，找到轮廓尺寸和各个结构的定形、定位尺寸。

逐项分析零件的表面粗糙度、尺寸公差、形位公差以及其他技术要求，进一步了解零件的结构形状和功用等设计意图，以便确定合理的加工方法，制定正确的加工工艺。

图 8-58 中，铣刀头的底平面、腔体左端面和过腔体轴线的对称中心面分别为高度、长度和宽度方向的尺寸基准。在高度方向，除了底平面为主要基准外，腔体轴线为高度方向的辅助基准。尺寸 115±0.01 是腔体轴线与安装底面的距离，也是高度方向主要基准和辅助基准的联系尺寸，是铣刀头的一个主要尺寸。ϕ80K7 为轴承安装孔尺寸，ϕ98 为螺孔分布圆周尺寸，155，150，4×ϕ11 等为铣刀头部件的安装尺寸。

图中尺寸 ϕ80K7 与轴承配合有关，尺寸 115±0.01 与铣刀安装高度有关，故明确地提出了尺寸公差要求。轴承孔 ϕ80K7 的形状和位置的误差会对铣刀的运行精度和稳定性有很大的影响，因此，在图中提出了形位公差要求，以底平面为基准，轴承孔轴线的平行度公差为 0.01；两轴承孔互为基准，同轴度公差为 ϕ0.025；两轴承孔的圆柱度公差为 0.008。轴承孔、腔体端面、底平面、安装孔等部分为加工面，分别标注了表面粗糙度要求；对于其他的非加工表面，在图纸右上角标注了其余用不去除材料的方法获得的表面粗糙度符号，表示其余为铸造毛坯面。

在文字说明的技术要求中，注明了铣刀头的铸造圆角为 R3，并需进行时效处理。

5. 归纳总结

通过上述几个步骤的分析，对零件的结构形状、大小和功用有了全面的了解。在此基础上认真地归纳总结，根据零件的功用和设计意图，分析各个部分的结构设计、图形表达、尺寸标注、技术要求是否合理，是否需要改进完善。

另外，读零件图的过程并不是孤立的、按部就班的，而是要根据图形的具体情况综合地、交叉地进行，提高正确理解图形的能力和读图效率。

第 9 章 装配图

9.1 装配图的内容

装配图是用于表达机器或部件的工作原理、结构以及各组成零件之间的配合、连接固定关系和零件的相对位置等装配关系的图样。图 9-1 是滑动轴承的轴测图,图 9-2 是滑动轴承的装配图。

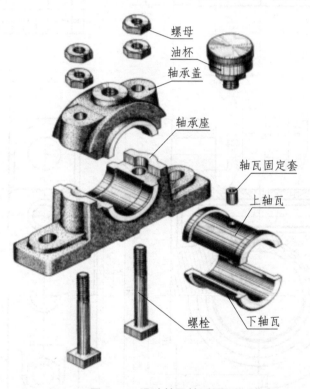

图 9-1 滑动轴承轴测图

在设计新产品,或对已有产品进行仿制、改进时,一般是首先画出表达机器或部件各组成部分的装配图,再根据装配图画出零件图。装配图是进行机器或部件装配、检验和安装时的技术依据,也是使用和维修过程中了解机器或部件的结构和工作原理所必备的重要技术文件。

图 9-2 所示为滑动轴承的装配图。一张完整的装配图一般应包括以下 4 个方面的内容。

1. 一组视图

表达机器或部件的结构、工作原理、零件之间的装配关系及固定连接方式。

2. 必要的尺寸

标注与机器或部件的性能、规格、外形、装配和安装有关的尺寸。

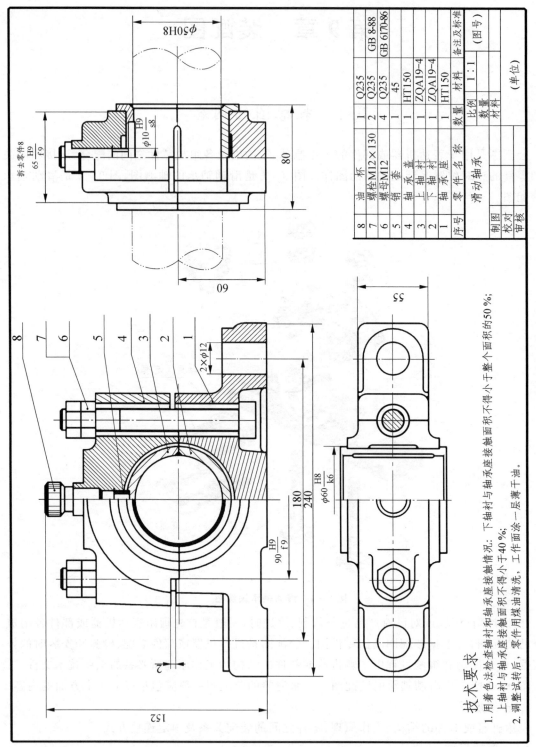

图9-2 滑动轴承装配图

3. 技术要求

说明机器或部件在装配、检验、安装和使用等方面的技术要求。

4. 零件的序号、明细栏和标题栏

在视图上标注每种零、部件的序号;在明细栏注明全部零、部件的序号、名称、材料、数量、标准等内容;在标题栏中说明机器或部件的名称、代号、规格、绘图比例,设计、校对、审核等人员签署姓名和日期等。

9.2 装配图的表达方法

装配图的表达方法与零件图有许多相似之处,如各种视图、剖视图、断面图等,同样适用。此外,根据装配图的特点和表达要求,又有一些规定画法和特殊画法。

9.2.1 规定画法

1. 相邻零件轮廓线

相邻两零件的接触面和配合面,只画一条共有的轮廓线;非接触面和非配合面,必须画出各自的轮廓线,间隙过小时,应夸大画出,如图 9-3 所示。

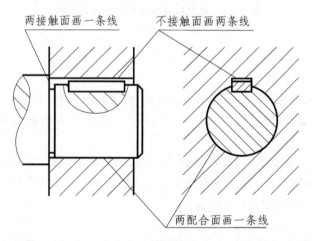

图 9-3 规定画法

2. 相邻零件剖面线

在剖视图中,相邻两零件的剖面线的倾斜方向应相反,或方向一致而间隔不同;同一零件在各个视图上的剖面线的倾斜方向和间隔必须一致,如图 9-3 中的主视图和左视图的剖面线。

3. 薄壁零件剖面线

当零件厚度小于 2 mm 时,允许以涂黑代替剖面线,如图 9-4 所示。

4. 标准件和实心件

对于标准件(如螺钉、螺栓、螺母、垫圈等)和实心件(如键、销、轴、杆、球等),当剖切平面通过这些零件的轴线时,这些零件都按不剖画出,如图 9-2 主视图中的螺栓、螺母所示。当剖切平面垂直于轴线时,则应画出剖面线,如图 9-2 俯视图中的螺栓所示。若需要特别表明零件的构造,如凹槽、键槽、销孔等,则可用局部剖视表示,如图9-3主视图中轴上的键槽所示。

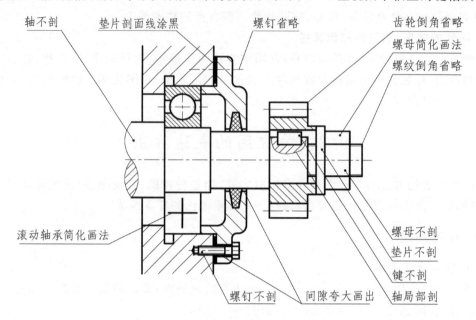

图 9-4 规定画法与特殊画法综合举例

9.2.2 特殊画法

1. 沿零件的结合面剖切

在装配图中,当某些零件遮住了需要表示的结构或装配关系,而这些零件在其他视图上又已经表示清楚时,可假想沿着它们的结合面剖切画出,如图9-2中的俯视图所示。

2. 拆卸画法

当某些零件遮住了需要表示的结构或装配关系,而这些零件在其他视图上又已经表示清楚时,可假想将其拆卸后画出,并在零件上方标注"拆去件××"的字样,见图9-2中的俯视图,"拆去件8"字样表示拆去件8后画出。

3. 单独画法

对于个别结构较复杂或被其他零件遮住,而又需要清晰地表示其结构形状的零件,可将该零件某个方向的视图单独画出,并在零件上方注明该零件的序号和投影方向。

4. 假想画法

在装配图中,为了表示本部件与其他零、部件的安装和连接关系,可把与本部件有密切关系的其他相关零、部件,用双点画线画出其轮廓。

当需要表示零件的运动范围和极限位置时,也可用双点画线画出某一极限位置的轮廓,如图9-5所示。

5. 夸大画法

在装配图中,为了清楚表达零部件的细小结构、间隙或薄的零件等,允许不按比例而将其夸大画出,如图9-4所示。

6. 简化画法

① 对于装配图中若干相同的零件组,如螺栓连接等,可以只详细地画出一组或几组,其余

的仅以点画线表示其装配位置。

② 在装配图中,零件的工艺结构,如圆角、倒角、退刀槽等,可不画出。

③ 在装配图中,当剖切平面通过的某些部件为标准化产品或该部件已在其他视图中表示清楚时,可以按不剖画出。

④ 在装配图中,滚动轴承可以只画出一半详细图形,另一半采用简化画法。

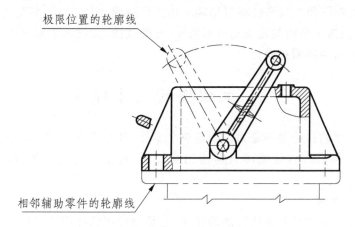

图 9-5 假想画法

9.2.3 视图选择

装配图所表达的内容重点是机器或部件的工作原理、结构和零件间的装配关系,因此,在选择视图表达方案时,首先要对机器或部件进行分析,了解其结构、性能和工作原理,搞清各零件之间的装配连接关系,然后再按照完全、正确、清楚的原则分别确定主视图和其他视图。下面以图 9-1 和图 9-2 所示滑动轴承为例说明视图选择的方法和步骤。

1. 分析部件

从图 9-1 所示可以看出,滑动轴承是用来支撑轴及轴上转动零件的一种装置,主要由轴承座、轴承盖、上下轴瓦、轴瓦固定套以及标准件螺栓、螺母和标准组合件油杯等组成。

轴瓦由耐磨材料制成,为了便于安装轴,轴瓦做成上下结构,安装在轴承座与轴承盖之间。轴瓦两端凸缘的侧面与轴承座和轴承盖的两端面配合,防止轴瓦轴向窜动;轴承座和轴承盖之间相互配合的凹凸结构可防止其横向移动;轴瓦固定套用于确定轴瓦的周向位置,防止其发生相对转动。轴承座和轴承盖用两个螺栓、螺母连接固定,其中,方形螺栓头可防止拧紧螺母时螺栓跟转,两个螺母并紧可防止螺母松动。油杯装在轴承盖顶部的螺孔上,可向轴瓦和轴之间注入油脂,起润滑作用。轴承座底板两边的通孔用于安装滑动轴承。

2. 选择主视图

选择主视图,一般应考虑符合部件的工作位置,并选择最能清楚表达部件工作原理、结构特征、主要零件装配干线的方向作为投影方向。

如图 9-1 所示的滑动轴承,其工作位置一般是底面水平放置。如图 9-2 的主视图所示,选择轴瓦的轴向作为主视图的投影方向,通过螺栓的轴线剖切画出半剖视图,既能清楚地表达轴承座、轴承盖和上下轴瓦的相对位置和固定连接关系,也能反映滑动轴承的工作原理和结构特征,是较好的表达方案。

3. 选择其他视图

对于主视图尚未表达清楚的内容,可选择其他视图予以补充。如图 9-2 所示,轴瓦、轴承孔和轴瓦固定套沿轴向的装配干线在主视图中还没有表达清楚,因此,补充左视图,并用全剖画出,这样轴瓦、轴承孔和轴瓦固定套的装配关系,以及轴在轴瓦中转动的工作状况都得到了充分的表达。

图 9-2 中,主视图和左视图已将滑动轴承的工作原理、结构特征、装配关系以及安装关系等基本表达清楚,但为了更清楚地表达外形特征,方便读图,又增加了俯视图,并沿轴承盖与轴承座结合面剖切画出半剖俯视图。

9.3 装配图的尺寸标注

装配图标注尺寸的目的并不是为了制造单个零件,其重点在于表达机器或部件的结构和各零件间的装配关系,因此,装配图只需注出与性能、规格、装配、安装、运输等有关的尺寸即可。

1. 性能或规格尺寸

表明机器或部件的规格和使用性能的尺寸,它是设计和选择相应部件的依据。如图 9-2 中的轴瓦内径 $\phi 50H8$,可以确定其所支撑的轴的直径,并据此选定油杯型号。

2. 装配尺寸

表示机器或部件中有关零件之间装配关系的尺寸,如配合尺寸和重要的相对位置尺寸。如图 9-2 中的 $\phi 60H8/k6$,$\phi 10H9/JS8$,$90H9/f9$,$65H9/f9$,$52H9$,$36H7/k6$ 都是配合尺寸;轴承孔的中心高 60,轴承座与轴承盖的间隙 2 则是重要的相对位置尺寸。

3. 安装尺寸

将机器或部件安装到地基、机座或其他零件上所需要的尺寸。如图 9-2 中的轴承座底板上两螺栓孔的中心距 180、螺栓通孔直径 $2\times\phi 12$。

4. 外形尺寸

机器或部件在长、宽、高 3 个方向上的最大尺寸。它是包装、运输、安装所需的重要数据,如图 9-2 中的尺寸 240,152 和 80。

5. 其他重要尺寸

在机器或部件设计时,经计算或选定的、又不属于上述几类尺寸的其他重要尺寸。如运动零件的极限位置尺寸、主要零件的重要结构尺寸等。

9.4 装配图的零件序号和明细栏

装配图中所有零件和部件都必须编写序号,并在标题栏上方编制相应的明细栏,填写零件和部件的有关内容。图中零部件的序号应与明细栏中的序号一致。

9.4.1 零件序号

零部件序号的编写方法如下。

① 相同的零部件只编一个序号,一般只标注一次。若多处出现相同的零部件,则必要时

可以重复标注。

② 序号应标注在视图以外,其方法是:在需要标注零件的可见轮廓内画一个圆点,指引线(细实线)的一端指向圆点,在另一端的横线(细实线)上或圆(细实线)内标注零件序号,序号数字高度比图中的尺寸数字大一号或两号,其形式如图 9-6(a)所示。

序号也可直接标注在指引线附近,此时字高比尺寸数字大两号,如图 9-6(b)所示。

若所指的零件很薄或是涂黑的,则可用箭头代替圆点并指向该零件的轮廓线,如图 9-6(c)所示。

同一装配图中,序号编写的形式应一致。

③ 指引线之间不能相交,当通过有剖面线的区域时,指引线不能与剖面线平行。必要时可将指引线画成折线,但只允许折一次,如图 9-6(d)所示。

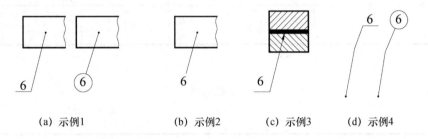

图 9-6 零件的编号形式

④ 一组紧固件或装配关系清楚的零件组,可采用公共的指引线,如图 9-7 所示。

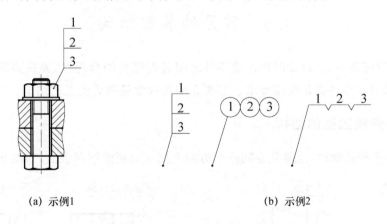

图 9-7 零件组的编号形式

⑤ 对于标准化的组合件,如滚动轴承等,可作为整体编一个序号。

⑥ 零件序号应沿水平或垂直方向排列整齐,按顺时针或逆时针方向顺序编号。

9.4.2 明细栏

明细栏是装配图中全部零件和部件的详细目录,其内容包括:零件的序号、代号、名称、数量、材料、备注和标准,其格式如图 9-8 所示。

明细栏一般画在标题栏上方,其中的零件序号由下往上填写,若上方位置不够,则可移一部分紧接标题栏左边继续填写。

明细栏中的零件序号应与视图中标注的序号一致,因此,应先在视图上编写零件序号,再填明细栏。

对于标准件应在代号或备注栏中填写国家标准代号,并在名称后写明规格。

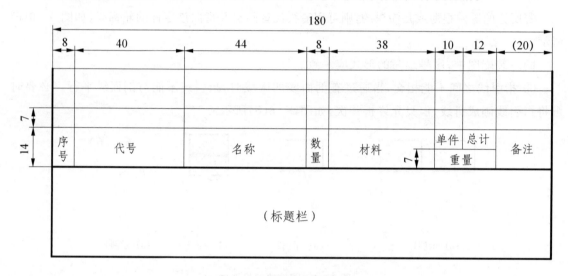

图9-8 明细栏的格式

9.5 常见的装配结构

为了保证装配质量,在设计时应注意零件之间装配结构的合理性,要做到零件装拆方便、连接可靠,使机器或部件满足使用要求。下面介绍几种常见的装配工艺结构。

9.5.1 两零件接触面的结构

① 当两个零件接触时,应避免在同一个方向上同时有两组接触表面,如图9-9所示。

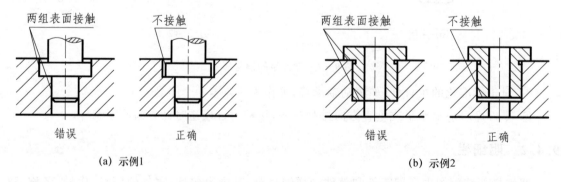

(a) 示例1　　　　　　　　　　(b) 示例2

图9-9 同一个方向接触面的结构

② 为保证轴肩端面和孔端面接触良好,应在孔的端面加工出倒角、圆角等结构,或在轴肩处加工出退刀槽,如图 9-10 所示。

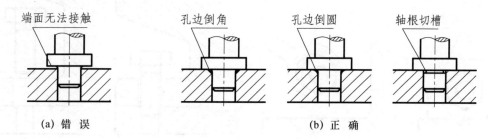

图 9-10 转角处接触面的结构

9.5.2 零件的紧固与定位结构

常见的紧固与定位结构如下。

① 为了防止轴上零件产生轴向错动,可采用挡圈或端盖结构,保证定位可靠,如图 9-11 所示。

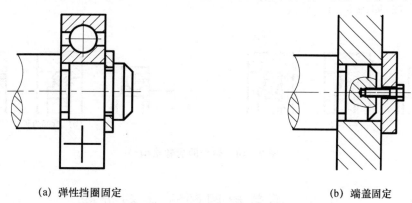

图 9-11 轴上零件的定位与固定

② 为使两零件装配时便于定位,常采用销孔结构。为保证一定的装配精度,两个零件的同一配合销孔应一次加工而成,如图 9-12 所示。

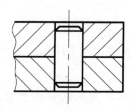 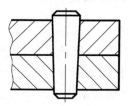

图 9-12 销孔定位与固定

9.5.3 零件的安装与拆卸结构

安装与拆卸结构应注意的问题如下。

① 在设计螺栓和螺钉的位置时,要留下装拆螺栓所需要的操作空间、扳手活动空间和螺钉的装拆空间,如图 9-13 所示。

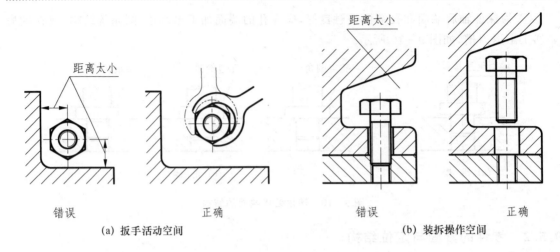

图 9-13 螺栓的装拆空间

② 对于滚动轴承,无论是轴上还是轴承孔中,设计装配结构时都要考虑其安装的方便性和拆卸的可能性,如图 9-14 所示。

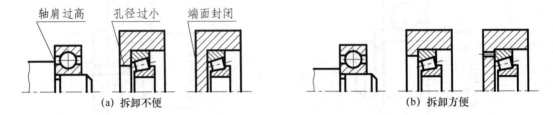

图 9-14 轴承的拆卸结构

9.6 画装配图的方法和步骤

下面以齿轮油泵为例,说明画装配图的方法和步骤。

9.6.1 确定视图表达方案

1. 分析部件

在画装配图之前,应认真分析已有的技术资料,对机器或部件的用途、工作原理、结构特点、装配关系及使用性能等有一个全面的了解。

齿轮油泵是润滑系统中的一种供油装置,其作用是将润滑油从油箱送到有关运动部件需要润滑的部位,减少零件的摩擦和磨损,如图 9-15(a)所示。该齿轮油泵由主动齿轮轴、从动齿轮轴、泵体、泵盖等主要功能件,以及垫片、密封圈、轴套、压紧螺母、销和螺钉等密封、固定、连接零件组成。

齿轮油泵的工作原理是:外部动力通过主动齿轮轴上的齿轮,传递给主动齿轮轴,并带动与它啮合的从动齿轮轴旋转,使吸油腔形成部分真空,润滑油被吸入并充满齿槽,由于齿轮旋转,齿间的润滑油被带到压油腔内,并在此受到挤压,从出油口压出,如图 9-15(b)所示。

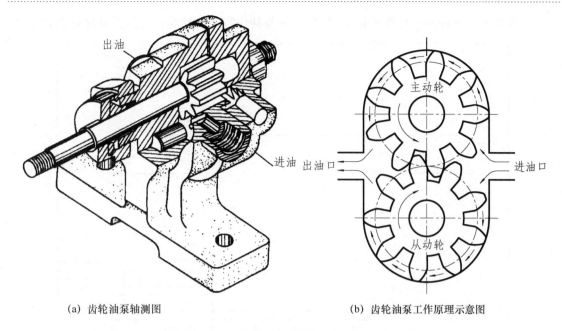

(a) 齿轮油泵轴测图　　　　　　　　　　　(b) 齿轮油泵工作原理示意图

图 9-15　齿轮油泵轴测图和工作原理示意图

2. 确定视图表达方案

针对装配图的特点,选择视图时要做到,既能充分地表达各零部件的装配关系,又能清晰地表达主要零件的结构形状,因此,要在分析机器或部件的基础上,确定机器或部件的放置位置以及主视图的投影方向。配合主视图,合理地选用其他必要的视图、剖视图。

齿轮油泵的主视图按其工作位置放置,以全剖视图画出,可将齿轮油泵的结构特点和主要零件的相对位置和装配关系基本表达清楚。左视图沿泵盖与泵体的结合面剖开,以半剖视图画出,在泵体上局部剖出吸油孔和安装孔,可以表达油泵的外形特征、主动齿轮与从动齿轮的啮合情况、吸油压油的工作原理以及安装位置。

9.6.2　画装配图的步骤

1. 确定比例和图幅

机器或部件的表达方案确定后,应根据其实际大小、结构复杂程度、视图的位置和数量等因素,确定合适的比例和图幅。在选择图幅大小时,还应考虑留出标注尺寸、零件序号、技术要求和标题栏、明细栏的位置。

2. 布置视图

根据视图的数量及其轮廓尺寸,确定各视图的具体位置,画出各视图的中心线或基准线,如图 9-16(a)所示。

在布置视图时,除了要考虑安排注写技术要求以及标题栏、明细栏的位置外,还应注意各视图之间要留出适当的位置,以便标注尺寸和编写零件序号。

3. 画主要零件

按照主次关系或装配关系,首先画出能反映机器或部件整体结构的主要零件或装配基准件的轮廓。一般先从主视图开始,再按投影关系分别画出其他视图。如图 9-16(b),(c)所示,先画主动齿轮轴、从动齿轮轴,再画泵体、泵盖。

注意要先画零件的主要外形轮廓,然后根据与其他零件的装配和遮挡关系逐步完善细节。

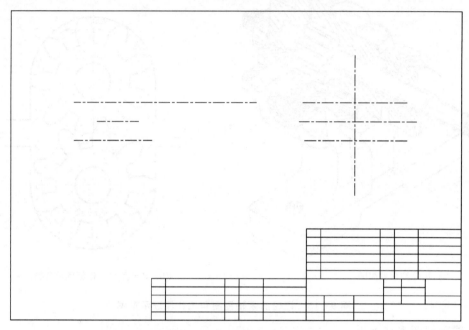

(a) 画图框、标题栏、明细栏和主要基准线

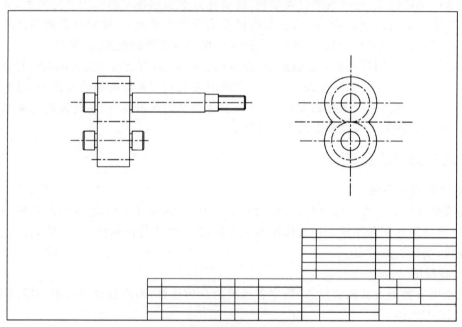

(b) 画主动齿轮轴和从动齿轮轴

图 9-16　齿轮油泵画图

4. 画其他零件

在已画主要零件的基础上,按照装配定位和相互遮挡关系,依次将其他各个零件表达出来。如图 9-16(d) 所示,分别画出垫片、密封圈、轴套、压紧螺母、销和螺钉等零件。

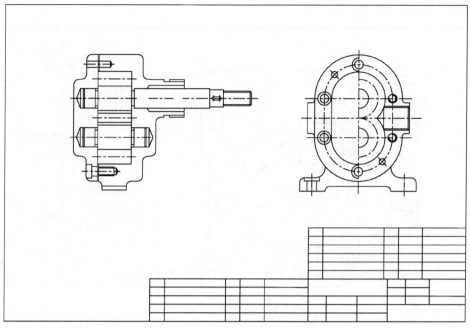

(c) 画泵体和泵盖

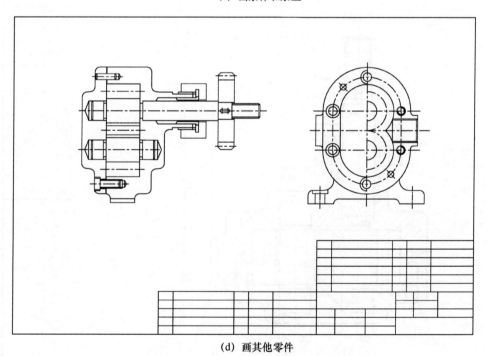

(d) 画其他零件

图 9-16 齿轮油泵画图步骤(续)

5. 完成装配图

标注尺寸,写技术要求;校对图形,加深图线;编写零件序号,填写明细栏、标题栏,完成装配图,如图 9-17 所示。

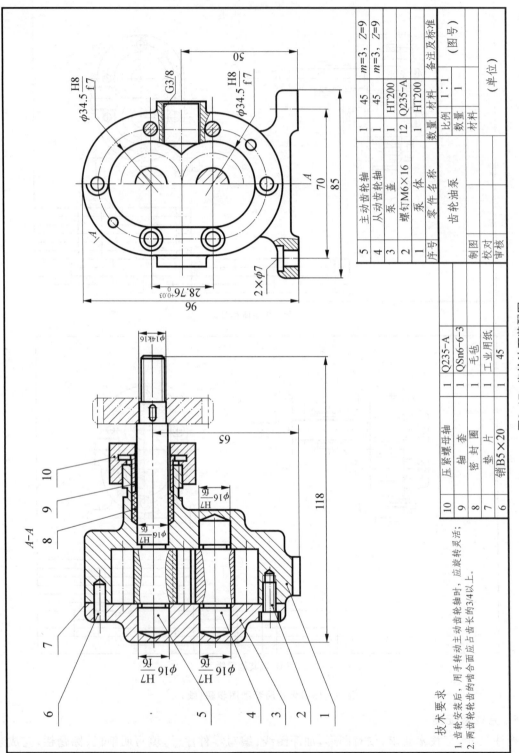

图9-17 齿轮油泵装配图

9.7 读装配图

在产品设计、制造、装配、安装、调试、使用、维修及进行技术交流时,都要用到装配图,因此,工程技术人员都必须能读懂装配图。

9.7.1 读装配图的要求

具体要求如下。
① 了解机器或部件的用途、工作原理、结构和使用性能。
② 了解各零件的相对位置、装配关系及连接固定方式等。
③ 了解各零件的结构形状。
④ 了解主要装配尺寸和技术要求等。

9.7.2 读装配图的方法和步骤

下面以蝴蝶阀为例,说明读装配图的方法和步骤,图 9-18 为蝴蝶阀的装配图。

1. 概括了解

(1) 看标题栏

了解机器或部件的名称,查阅产品使用说明书和有关资料,了解其用途和使用性能等。根据比例和外形尺寸,了解机器或部件的大小。

(2) 看零件序号和明细栏

了解各零件的名称和数量,找到它们在装配图中的位置。

(3) 分析视图

弄清各视图的名称、投影关系、表达方法和主要内容。

在图 9-18 中,从标题栏中的部件名称可以了解到该部件的名称为蝴蝶阀,是一种在管路中用来控制气流、液流开启或关闭的装置。从标题栏中了解到制图比例为 1∶1,再根据图中尺寸即可明确部件大小,该蝴蝶阀外形为 140×158×64。

从明细栏可以了解到蝴蝶阀由阀体 1、阀门 2、阀杆 3、垫片 5、阀盖 6、齿轮 8、盖板 11、齿杆 13 以及标准件螺钉、螺母、铆钉、半圆键等 13 种共 16 个零件组成,是一种较为简单的部件。

蝴蝶阀装配图由主视图、俯视图和左视图 3 个视图组成。主视图按工作位置放置,采用局部剖,清晰地表达蝴蝶阀的外形和结构特点,同时也明确地表达了阀门、阀杆的装配关系及其开闭的工作原理。俯视图和左视图以全剖的形式画出,充分表达了蝴蝶阀的内部结构、装配关系以及齿杆、齿轮带动阀杆、阀门运动的工作原理。

2. 分析工作原理

分析工作原理一般从分析其零部件的运动关系开始。从俯视图和左视图中可以看出,阀杆 3 和齿轮 8 由半圆键 9 连接固定,当外部动力带动齿杆 13 左右移动时,与齿杆啮合的齿轮就会带动阀杆转动,使阀门 2 开启或闭合,其工作原理如图 9-19 所示。

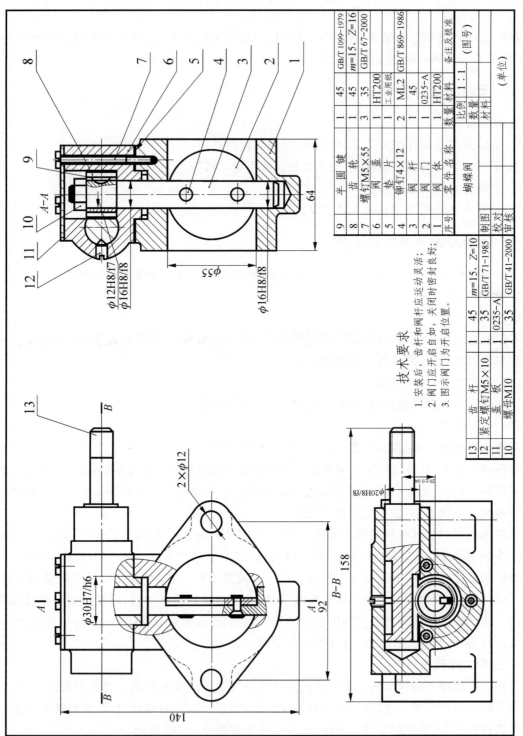

图9-18 蝴蝶阀装配图

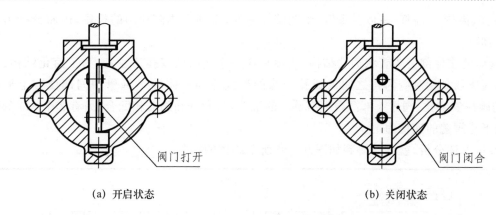

(a) 开启状态　　　　　　　　　　(b) 关闭状态

图 9-19　蝴蝶阀工作原理示意图

进一步分析还可以看出,图 9-18 中阀门为开启位置,只有当齿杆向右移动时,才能关闭阀门。齿杆由紧定螺钉 12 定位,既不会脱出阀盖 6,也不会出现周向转动。

3. 分析零部件的装配关系

(1) 连接与固定方式

分析部件中的各个零件的位置、零件之间连接与固定的方式。蝴蝶阀的阀体 1 和阀盖 6 压住阀杆 3,然后与盖板 11 一起由 3 个螺钉 7 连接固定;阀杆和阀门 2 由两个铆钉 4 连接;阀杆和齿轮 8 以半圆键 9 周向定位,由螺母 10 轴向压紧;齿杆 13 由紧定螺钉 12 限制其轴向移动范围、防止周向转动,整个蝴蝶阀可通过阀体两侧的两个 $\phi 12$ 的孔与管路连接。

(2) 配合关系

根据图 9-18 中配合尺寸的配合符号,判别零件的配合制、配合种类、轴与孔的公差等级等。图中阀杆与阀体、阀盖的配合尺寸都是 $\phi 16H8/f8$,说明其配合属于基孔制、间隙配合,阀杆可以自由转动。阀杆与齿轮的配合尺寸是 $\phi 12H8/f7$,其配合也属于基孔制、间隙配合,阀杆与齿轮装拆方便,依靠半圆键和螺母进行周向和轴向定位。阀杆与阀体的另一配合尺寸 $\phi 30H7/h6$,表示其配合仍为基孔制、间隙配合,阀杆转动不受限制。齿杆与阀盖的配合尺寸是 $\phi 20H8/f8$,说明其配合属于基孔制、间隙配合,齿杆左右移动自如。

(3) 密封结构

为了防止气体或液体泄漏,在阀体和阀盖之间通过垫片进行密封。

4. 分析零件的结构形状

初步了解了机器或部件的工作原理和装配关系后,再详细分析各个零件的结构形状,这样可进一步加深对工作原理和装配关系的理解。

分析零件时,首先根据零件序号和指引线、剖面线的疏密程度和方向、实心件不剖等画法,利用视图间的投影关系,把零件从视图中分离出来。然后根据零件的作用及与之相配的其他零件的结构,进一步弄懂零件的细部结构,构想出零件完整的结构形状。

一般先分析主要零件,再分析次要零件;先分析主要结构,再分析细小结构;先看容易区分零件投影轮廓的视图,再看其他视图。

如图 9-18 所示的阀体,根据各零件的轮廓线、剖面线,首先将垫片 5 以上的零件和阀门 2、阀杆 3、铆钉去除,将阀体的投影从主视图和左视图中分离出来;然后剔除俯视图中的阀杆

3、阀盖 6、齿轮 8、齿杆 13 以及螺钉、半圆键等零件,得到阀体俯视图的投影,进而分析出阀体的结构形状。

阀体的主体部分为管状通孔结构,两端有管路连接用的双孔法兰盘,为了简化结构、方便安装,两法兰盘相对应的孔之间以通孔凸缘的形式连为一体;φ55 通管中间部位有上下两个 φ16 的阀杆安装孔;阀体上部凸台上有 φ24 的沉孔,与阀杆和阀盖相配合;另有 3 个 M5 的螺纹孔,用于与阀盖的连接固定。

经过上述分析,就可以得到如图 9-20 所示阀体的形状。

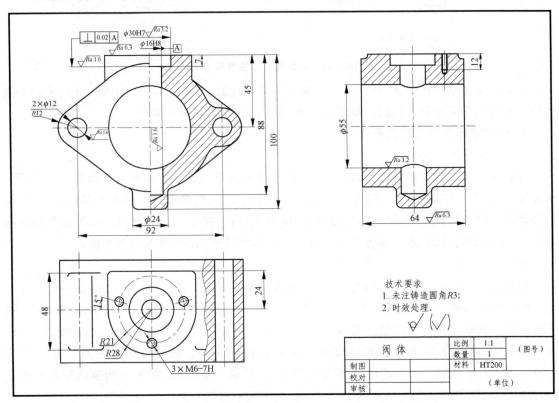

图 9-20 阀体零件图

5. 读技术要求

了解与装配要求、使用有关的各种技术条件和性能指标。

6. 归纳总结,读懂全图

结合以上各步骤,综合分析整体结构,想象出整体形状。

9.8 由装配图拆画零件图

在进行产品设计时,一般首先画出装配图,再根据装配图拆画零件图,通常称为拆图。

9.8.1 由装配图拆画零件图的步骤

具体步骤如下。

① 读懂装配图。
② 分离零件。
③ 确定零件的视图表达方案。
④ 标注尺寸和技术要求。

9.8.2 拆画零件图应注意的问题

装配图所表达的内容重点与零件图不同,对单个零件的描述往往是不够全面的。拆画零件图的过程实际上是一个零件再设计的过程,要将零件在装配图中没有表达清楚的结构形状和其他内容补充完整,因此,拆画零件图时应注意以下几点:

① 零件的视图表达方案应根据零件的结构形状重新确定,可以借鉴,但不能盲目照抄装配图。

② 在装配图中没有表达清楚的结构形状,要根据该零件的作用以及和它配合的零件之间的关系补画出来。

③ 在装配图中允许省略不画的零件工艺结构,如倒角、圆角、退刀槽等,在零件图中应全部画出。

④ 装配图中的尺寸,在零件图上必须保证,其余尺寸可以在装配图上按比例直接量取并加以取整,或经过计算得到。有关标准结构尺寸,如螺纹、倒角、圆角、退刀槽、键槽等,应查标准后标注。

⑤ 零件之间有配合要求的表面,其基本尺寸必须相同,并注出公差带代号和极限偏差数值。

⑥ 根据零件的作用和加工工艺的要求,合理地标注出表面粗糙度、尺寸公差、形位公差、热处理要求等技术要求。

图 9-20 就是根据图 9-18 蝴蝶阀装配图拆画出来的阀体零件图。

附 录

1. 螺 纹

附表 1　普通螺纹直径与螺距（GB/T 193—1981，GB/T 196—1981）

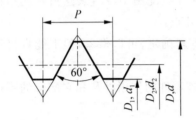

标记示例

公称直径 24 mm，螺距为 3 mm 的粗牙右旋普通螺纹：M24

公称直径 24 mm，螺距为 1.5 mm 的细牙左旋普通螺纹：M24×1.5LH

mm

公称直径 D,d		螺距 P		粗牙小径 D_1,d_1	公称直径 D,d		螺距 P		粗牙小径 D_1,d_1
第一系列	第二系列	粗牙	细牙		第一系列	第二系列	粗牙	细牙	
3		0.5	0.35	2.459		22	2.5	2,1.5,1,(0.75),(0.5)	19.294
	3.5	(0.6)		2.850	24		3	2,1.5,1,(0.75)	20.752
4		0.7	0.5	3.242	27		3	2,1.5,1,(0.75)	23.751
	4.5	(0.75)		3.688					
5		0.8		4.134	30		3.5	(3),2,1.5,1,(0.75)	26.211
6		1	0.75,(0.5)	4.917		33	3.5	(3),2,1.5,(1),(0.75)	29.211
8		1.25	1,0.75,(0.5)	6.647	36		4	3,2,1.5,(1)	31.670
10		1.5	1.25,1,0.75,(0.5)	8.376		39	4		34.670
12		1.75	1.5,1.25,1,(0.75),(0.5)	10.106	42		4.5		37.129
	14	2	1.5,(1.25),1,(0.50)	11.835		45	45	(4),3,2,1.5,(1)	40.129
16		2	1.5,1,(0.75),(0.5)	13.835	48		5		42.587
	18	2.5	2,1.5,1,(0.75),(0.5)	15.294		52	5		46.587
20		2.5		17.294	56		5.5	4,3,2,1.5,(1)	50.046

注：1. 优先选用第一系列，括号内尺寸尽可能不用。第三系列未列入。

2. M14×1.25 仅用于火花塞；M35×1.5 仅用于滚动轴承锁紧螺母。

附表 2 梯形螺纹直径与螺距（GB/T 5796.1～5796.4—1986）

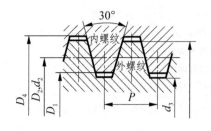

标记示例

公称直径为 40 mm，螺距为 7 mm，右旋的单线梯形螺纹：Tr40×7

公称直径为 40 mm，导程为 14 mm，螺距为 7 mm，左旋的双线梯形螺纹：Tr40×14(P7)LH

mm

公径直径 d		螺距 P	中径 $d_2=D_2$	大径 D_4	小径		公称直径 d		螺距 P	中径 $d_2=D_2$	大径 D_4	小径	
第一系列	第二系列				d_3	D_1	第一系列	第二系列				d_3	D_1
8		1.5	7.25	8.3	6.2	6.5	28		5	25.5	28.5	22.5	23
	9	2	8	9.5	6.5	7		30	6	27	31	23	24
10		2	9	10.5	7.5	8	32		6	29	33	25	26
	11	2	10	11.5	8.5	9		34	6	31	35	27	28
12		3	10.5	12.5	8.5	9	36		6	33	37	29	30
	14	3	12.5	14.5	10.5	11		38	7	34.5	39	30	31
16		4	14	16.5	11.5	12	40		7	36.5	41	32	33
	18	4	16	18.5	13.5	14		42	7	38.5	43	34	35
20		4	18	20.5	15.5	16	44		7	40.5	45	36	37
	22	5	19.5	22.5	16.5	17		46	8	42	47	37	38
24		5	21.5	24.5	18.5	19	48		8	44	49	39	40
	26	5	23.5	26.5	20.5	21		50	8	46	51	41	42

注：1. 本标准规定了一般用途梯形螺纹基本牙型，公称直径为 8～300 mm（本表仅摘录 8～50 mm）的直径与螺距系列以及基本尺寸。

2. 应优先选用第一系列的直径。

3. 在每一个直径所对应的诸螺距中，本表仅摘录应优先选用的螺距和相应的基本尺寸。

附表3 非螺纹密封的管螺纹(GB/T 7307—2001)

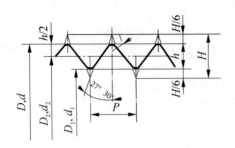

标记示例

内螺纹 G1 1/2
A级外螺纹 G1 1/2A
B级外螺纹 G1 1/2B
左旋 G1 1/2B-LH

$p=\dfrac{25.4}{n}$ $H=0.960491p$

mm

尺寸代号	每25.4 mm内的牙数 n	螺距 P	牙高 h	圆弧半径 r	基本直径		
					大径 $d=D$	中径 $d_2=D_2$	小径 $d_1=D_1$
1/16	28	0.907	0.581	0.125	7.723	7.142	6.561
1/8	28	0.907	0.581	0.125	9.728	9.147	8.566
1/4	19	1.337	0.856	0.184	13.157	12.301	11.445
3/8	19	1.337	0.856	0.184	16.662	15.806	14.950
1/2	14	1.814	1.162	0.249	20.955	19.793	18.631
5/8	14	1.814	1.162	0.249	22.911	21.749	20.587
3/4	14	1.814	1.162	0.249	26.441	25.279	24.117
7/8	14	1.814	1.162	0.249	30.201	29.039	27.877
1	11	2.309	1.479	0.317	33.249	31.770	30.291
$1\frac{1}{8}$	11	2.309	1.479	0.317	37.897	36.418	34.939
$1\frac{1}{4}$	11	2.309	1.479	0.317	41.910	40.431	38.952
$1\frac{1}{2}$	11	2.309	1.479	0.317	47.803	46.324	44.845
$1\frac{3}{4}$	11	2.309	1.479	0.317	53.746	52.267	50.788
2	11	2.309	1.479	0.317	59.614	58.135	56.658
$2\frac{1}{4}$	11	2.309	1.479	0.317	65.710	64.231	62.752
$2\frac{1}{2}$	11	2.309	1.479	0.317	75.184	73.705	72.226
$2\frac{3}{4}$	11	2.309	1.479	0.317	81.534	80.055	78.576
3	11	2.309	1.479	0.317	87.884	86.405	84.926
$3\frac{1}{2}$	11	2.309	1.479	0.317	100.330	98.851	97.372
4	11	2.309	1.479	0.317	113.030	111.551	110.072
$4\frac{1}{2}$	11	2.309	1.479	0.317	125.730	124.251	122.772
5	11	2.309	1.479	0.317	138.430	136.951	135.472
$5\frac{1}{2}$	11	2.309	1.479	0.317	151.130	149.651	148.172
6	11	2.309	1.479	0.317	163.830	162.351	160.872

2. 常用标准件

附表 4　六角头螺栓

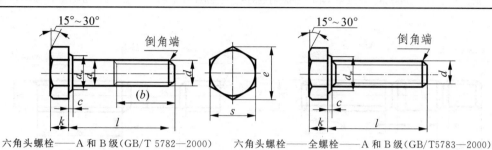

六角头螺栓——A 和 B 级（GB/T 5782—2000）　　　　六角头螺栓——全螺栓——A 和 B 级（GB/T5783—2000）

标 记 示 例

螺纹规格 d=M12、公称长度 l=80 mm、性能等级为 8.8 级、表面氧化、A 级的六角头螺栓：

　　螺栓　GB/T 5782—2000 M12×80

螺纹规格 d=M12、公称长度 l=80 mm、性能等级为 8.8 级、表面氧化、全螺纹、A 级的六角头螺栓：

　　螺栓　GB/T 5783—2000 M12×80

mm

螺纹规格	d		M4	M5	M6	M8	M10	M12	M16	M20	M24	M30	M36	M42	M48
b 参考	l≤125		14	16	18	22	26	30	38	46	54	66	78	—	—
	125<l≤200		—	—	—	28	32	36	44	52	60	72	84	96	108
	l>200		—	—	—	—	—	—	57	65	73	85	97	109	121
c_{max}			0.4		0.5		0.6				0.8			1	
K			2.8	3.5	4	5.3	6.4	7.5	10	12.5	15	18.7	22.5	26	30
d_{smax}			4	5	6	8	10	12	16	20	24	30	36	42	48
s_{max}			7	8	10	13	16	18	24	30	36	46	55	65	75
e_{min}	A		7.66	8.79	11.05	14.38	17.77	20.03	26.75	33.53	39.98	—	—	—	—
	B		—	8.63	10.89	14.2	17.59	19.85	26.17	32.95	39.55	50.85	60.79	72.02	82.6
dw_{min}	A		5.9	6.9	8.9	11.6	14.6	16.6	22.5	28.2	33.6	—	—	—	—
	B		—	6.7	8.7	11.4	14.4	16.4	22	27.7	33.2	42.7	51.1	60.6	69.4
l 范围	GB 5782		25~40	25~50	30~60	35~80	40~100	45~120	55~160	65~200	80~240	90~300	110~360	130~400	140~400
	GB 5783		8~40	10~50	12~60	16~80	20~100	25~100	35~100	40~100				80~500	100~500
l 系列	GB 5782		20~65(5 进位),70~160(10 进位),180~400(20 进位)												
	GB 5783		8,10,12,16,18,20~65(5 进位),70~160(10 进位),180~500(20 进位)												

注：1. P—螺距。末端按 GB/T 2—1985 规定。

　　2. 螺纹公差：6 g；力学性能等级：8.8。

　　3. 产品等级：

　　　　A 级用于 d≤24 mm 和 l≤10d 或者≤150 mm（按较小值）；

　　　　B 级用于 d>24 mm 或 l>10d 或>150 mm（按较小值）。

附表 5　双头螺柱

$b_m=1d$(GB/T 897—1988) $b_m=1.25d$(GB/T 898—1988) $b_m=1.5d$(GB/T 899—1988) $b_m=2d$(GB/T 900—1988)

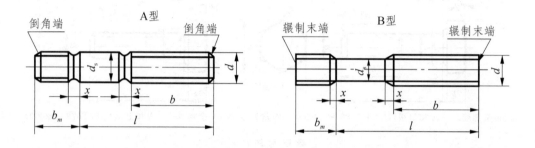

标 记 示 例

两端均为粗牙普通螺纹，$d=10$ mm，$l=50$ mm，性能等级为 4.8 级、B 型、$b_m=1d$ 的双头螺柱：
螺柱　GB/T 897—1988 M10×50

旋入一端为粗牙普通螺纹，旋螺母一端为螺距 $P=1$ mm 的细牙普通螺纹，$d=10$ mm，$l=50$ mm，性能等级为 4.8 级、A 型、$b_m=1d$ 的双头螺柱：螺柱 GB/T 897-1988 AM10-M10×1×50

旋入一端为过渡配合的第一种配合，旋螺母一端为粗牙普通螺纹，$d=10$ mm，$l=50$ mm，性能等级为 8.8 级、B 型、$b_m=1d$ 的双头螺柱：螺柱 GB/T 897—1988 GM10-M10×50-8.8。

mm

螺纹规格 d		M4	M5	M6	M8	M10	M12	M16	M20	M24	M30	M36	M42	M48
b_m	GB 897	—	5	6	8	10	12	16	20	24	30	36	42	48
	GB 898	—	—	6	8	10	12	15	20	25	30	38	45	52	60
	GB 899	6	8	10	12	15	18	24	30	36	45	54	65	72
	GB 900	8	10	12	16	20	24	32	40	48	60	72	84	96
d_s		A 型 $d_s=$ 螺纹大径　　　B 型 $d_s≈$ 螺纹中径													
x		1.5P													
l/b		$\dfrac{16\sim22}{8}$	$\dfrac{16\sim22}{10}$	$\dfrac{20\sim22}{10}$	$\dfrac{20\sim22}{12}$	$\dfrac{25\sim28}{14}$	$\dfrac{25\sim30}{16}$	$\dfrac{30\sim38}{20}$	$\dfrac{35\sim40}{25}$	$\dfrac{45\sim50}{30}$	$\dfrac{60\sim65}{40}$	$\dfrac{65\sim75}{45}$	$\dfrac{70\sim80}{50}$	$\dfrac{80\sim90}{60}$
		$\dfrac{25\sim40}{14}$	$\dfrac{25\sim50}{16}$	$\dfrac{25\sim30}{14}$	$\dfrac{25\sim30}{16}$	$\dfrac{30\sim38}{16}$	$\dfrac{32\sim40}{20}$	$\dfrac{40\sim55}{30}$	$\dfrac{45\sim65}{35}$	$\dfrac{55\sim75}{45}$	$\dfrac{70\sim90}{50}$	$\dfrac{80\sim110}{60}$	$\dfrac{85\sim110}{70}$	$\dfrac{95\sim110}{80}$
				$\dfrac{32\sim75}{18}$	$\dfrac{32\sim90}{22}$	$\dfrac{40\sim120}{26}$	$\dfrac{45\sim120}{30}$	$\dfrac{60\sim120}{38}$	$\dfrac{70\sim120}{46}$	$\dfrac{80\sim120}{54}$	$\dfrac{95\sim120}{60}$	$\dfrac{120}{78}$	$\dfrac{120}{90}$	$\dfrac{120}{102}$
						$\dfrac{130}{32}$	$\dfrac{130\sim180}{36}$	$\dfrac{130\sim200}{44}$	$\dfrac{130\sim200}{52}$	$\dfrac{130\sim200}{60}$	$\dfrac{130\sim200}{72}$	$\dfrac{130\sim200}{84}$	$\dfrac{130\sim200}{96}$	$\dfrac{130\sim200}{108}$
											$\dfrac{210\sim250}{85}$	$\dfrac{210\sim300}{97}$	$\dfrac{210\sim300}{109}$	$\dfrac{210\sim300}{121}$
l 系列		16,(18),20,(22),25,(28),30,(32),35,(38),40,45,50,(55),60,(65),70,(75),80,(85),90,(95),100,110,120,130,140,150,160,170,180,190,200,210,220,230,240,250,260,280,300													

附表6 螺钉

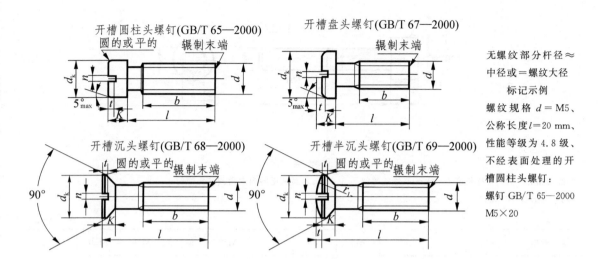

无螺纹部分杆径≈中径或=螺纹大径

标记示例

螺纹规格 d = M5、公称长度 l = 20 mm、性能等级为4.8级、不经表面处理的开槽圆柱头螺钉：

螺钉 GB/T 65—2000 M5×20

mm

螺纹规格 d	p	b_{min}	n 公称	f GB 69	r_f GB 69	k_{max} GB 65	k_{max} GB 67	k_{max} GB 68 GB 69	d_{kmax} GB 65	d_{kmax} GB 67	d_{kmax} GB 68 GB 69	t_{min} GB 65	t_{min} GB 67	t_{min} GB 68	t_{min} GB 69	l 范围
M3	0.5	25	0.8	0.7	6	1.8	1.8	1.65	5.6	5.6	5.5	0.7	0.7	0.6	1.2	4～30
M4	0.7	38	1.2	1	9.5	2.6	2.4	2.7	7	8	8.4	1.1	1	1	1.6	5～40
M5	0.8	38	1.2	1.2	9.5	3.3	3.0	2.7	8.5	9.5	9.3	1.3	1.2	1.1	2	6～50
M6	1	38	1.6	1.4	12	3.9	3.6	3.3	10	12	11.3	1.6	1.4	1.2	2.4	8～60
M8	1.25	38	2	2	16.5	5	4.8	4.65	13	16	15.8	2	1.9	1.8	3.2	10～80
M10	1.5	38	2.5	2.3	19.5	6	6	5	16	20	18.3	2.4	2.4	2	3.8	12～80
l 系列	4,5,6,8,10,12,(14),16,20,25,30,35,40,50,(55),60,(65),70,(75),80															

附表7 内六角圆柱头螺钉(GB/T 70.1—2000)

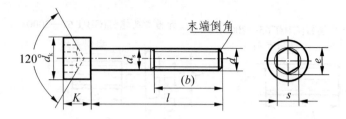

标 记 示 例

螺纹规格 d=M5、公称长度 l=20 mm、性能等级为 8.8 级、表面氧化的内六角圆柱头螺钉：

螺钉 GB/T 70—2000 M5×20

mm

螺纹规格 d	M3	M4	M5	M6	M8	M10	M12	M14	M16	M20	M24
P(螺距)	0.5	0.7	0.8	1	1.25	1.5	1.75	2	2	2.5	3
b 参考	18	20	22	24	28	32	36	40	44	52	60
$d_{k max}$	5.5	7	8.5	10	13	16	18	21	24	30	36
k_{max}	3	4	5	6	8	10	12	14	16	20	24
t_{min}	1.3	2	2.5	3	4	5	6	7	8	10	12
s 公称	2.5	3	4	5	6	8	10	12	14	17	19
e_{min}	2.87	3.44	4.58	5.72	6.86	9.15	11.43	13.72	16.00	19.44	21.73
$d_{s max}$	$d_s = d$										
l 范围	5～30	6～40	8～50	10～60	12～80	16～100	20～120	25～140	25～160	30～200	40～200
l≤表中数值时,制出全螺纹	20	25	25	30	35	40	45	55	55	65	80
l 系列	5,6,8,10,12,(14),(16),20,25,30,35,40,45,50,(55),60,(65),70,80,90,100,110,120,130,140,150,160,180,200										

注：括号内规格尽可能不采用。

附表 8 紧定螺钉

开槽锥端紧定螺钉(GB/T 71—1985)　开槽平端紧定螺钉(GB/T 73—1985)　开槽长圆柱端紧定螺钉(GB/T 75—1985)

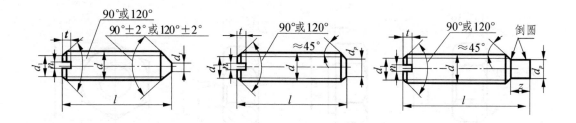

标 记 示 例

螺纹规格 d = M10、公称长度 l = 20 mm、性能等级为 14H 级、表面氧化的开槽锥端紧定螺钉：
螺钉　GB/T 71—1985　M10×20

mm

螺纹规格 d	P	$d_f \approx$	$d_{t\,mam}$	$d_{P\,max}$	n 公称	t		Z_{min}	l 公称
						min	max		
M3	0.5	螺纹小径	0.3	2	0.4	0.8	1.05	1.5	4～16
M4	0.7		0.4	2.5	0.6	1.12	1.42	2	6～20
M5	0.8		0.5	3.5	0.8	1.28	1.63	2.5	8～25
M6	1		1.5	4	1	1.6	2	3	8～30
M8	1.25		2	5.5	1.2	2	2.5	4	10～40
M10	1.5		2.5	7	1.6	2.4	3	5	12～50
M12	1.75		3	8.5	2	2.8	3.6	6	14～16
l 系列			4,5,6,8,10,12,(14),16,20,25,30,40,45,50,(55),60						

附表 9　I 型六角螺母

I 型六角螺母——A 和 B 级(GB/T 6170—2000)　　I 型六角螺母——C 级(GB/T 41—2000)
允许制造的型式

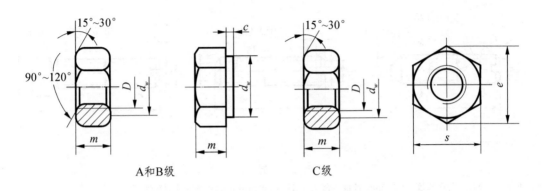

A 和 B 级　　　　　　　　　　C 级

标 记 示 例

螺纹规格 D＝M12、性能等级为 10 级、不经表面处理、A 级的 I 型六角螺母：螺母　GB/T 6170—2000　M12

螺纹规格 D＝M12、性能等级为 5 级、不经表面处理、C 级的 I 型六角螺母：螺母　GB/T　41—2000　M12

mm

螺母规格 D		M4	M5	M6	M8	M10	M12	M16	M20	M24	M30	M36	M42	M48
c		0.4	0.5			0.6			0.8				1	
$s_{\max}$		7	8	10	13	16	18	24	30	36	46	55	65	75
$e_{\min}$	A,B 级	7.66	8.79	11.05	14.38	17.77	20.03	26.75	32.95	39.55	50.85	60.79	72.02	82.6
	C 级	—	8.63	10.89	14.2	17.59	19.85	26.17	32.95	39.55	50.85	60.79	72.02	82.6
$m_{\max}$	A,B 级	3.2	4.7	5.2	6.8	8.4	10.8	14.8	18	21.5	25.6	31	34	38
	C 级	—	5.6	6.1	7.9	9.5	12.2	15.9	18.7	22.3	26.4	31.5	34.9	38.9
$d_{w\min}$	A,B 级	5.9	6.9	8.9	11.6	14.6	16.6	22.5	27.7	33.2	42.7	51.1	60.6	69.4
	C 级	—	6.9	8.7	11.5	14.5	16.5	22	27.7	33.2	42.7	51.1	60.6	69.4

注：1. A 级用于 $D \leqslant 16$ mm 的螺母；B 级用于 $D > 16$ mm 的螺母，C 级用于 $D \geqslant 5$ mm 的螺母。

2. 螺纹公差：A,B 级为 6H，C 级为 7H；力学性能等级：A,B 级为 6,8,10 级，C 级为 4,5 级。

附表10 平垫圈

平垫圈——A级(GB/T 97.1—1985)　　平垫圈　倒角型　A级(GB/T 97.2—1985)

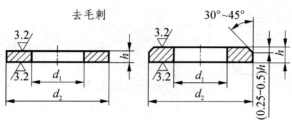

标记示例

标准系列、公称尺寸 $d=8$ mm、性能等级为140HV级、不经表面处理的平垫圈:
垫圈　GB/T 97.1—1985　0—140HV

mm

公称尺寸 (螺纹规格)d	3	4	5	6	8	10	12	14	16	20	24	30	36
内径 d_1	3.2	4.3	5.3	6.4	8.4	10.5	13	15	17	21	25	31	37
外径 d_2	7	9	10	12	16	20	24	28	30	37	44	56	66
厚度 h	0.5	0.8	1	1.6	1.6	2	2.5	2.5	3	3	4	4	5

附表11 标准型弹簧垫圈(GB/T 93—1987)

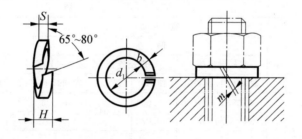

标记示例

规格16mm、材料为65Mn、表面氧化的标准型弹簧垫圈:垫圈;GB/T 93—1987 16

mm

规格 (螺纹大径)	4	5	6	8	10	12	16	20	24	30	36	42	48
d_{1min}	4.1	5.1	6.1	8.1	10.2	12.2	16.2	20.2	24.5	30.5	36.5	42.5	48.5
$S=b$ 公称	1.1	1.3	1.6	2.1	2.6	3.1	4.1	5	6	7.5	9	10.5	12
$m \leqslant$	0.55	0.65	0.8	1.05	1.3	1.55	2.05	2.5	3	3.75	4.5	5.25	6
H_{max}	2.75	3.25	4	5.25	6.5	7.75	10.25	12.5	15	18.75	22.5	26.25	30

附表 12 普通平键

GB/T 1095—1979 平键及键槽的断面尺寸

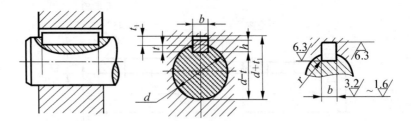

GB/T 1096—1979 普通平键型式尺寸

标 记 示 例

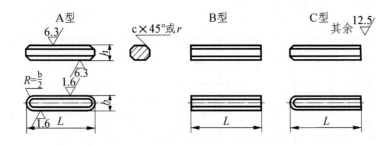

平头普通平键、B 型、$b=16$ mm、$h=10$ mm、$L=100$ mm：键 B16×100 GB/T 1096—79

mm

轴径 d	键的公称尺寸			键 槽								
				宽 度 b				深 度				半径 r
					偏差			轴		毂		
				b	较松键连接		一般键连接		较紧键连接			
	b	h	L		轴 H9	毂 D10	轴 N9	毂 Js9	轴和毂 P9	t	偏差	t_1	偏差	最小	最大
6～8	2	2	6～20	2	+0.025 0	+0.060 +0.020	−0.004 −0.029	±0.0125	−0.006 −0.031	2	+0.10 0	1	+0.1 0	0.08	0.16
>8～10	3	3	6～36	3						1.8		1.4			
>10～12	4	4	8～45	4	+0.030 0	+0.078 +0.030	0 −0.030	±0.015	−0.012 −0.042	2.5		1.8			
>12～17	5	5	10～56	5						3.0		2.3			
>17～22	6	6	14～70	6						3.5		2.8		0.16	0.25
>22～30	8	7	18～90	8	+0.036 0	+0.098 +0.040	0 −0.036	±0.018	−0.015 −0.051	4.0		3.3			
>30～38	10	8	22～110	10						5.0		3.3			
>38～44	12	8	28～140	12						5.0	+0.20 0	3.3	+0.20 0		
>44～50	14	9	36～160	14	+0.043 0	+0.120 +0.050	0 −0.043	±0.021 5	−0.018 −0.061	5.5		3.8		0.25	0.40
>50～58	16	10	45～180	16						6.0		4.3			
>58～65	18	11	50～200	18						7.0		4.4			
L系列	6,8,10,12,14,16,18,20,22,25,28,32,36,40,45,50,56,63,70,80,90,100,110,125,140,160,180,200												

注：$(d-t)$ 和 $(d+t_1)$ 的偏差按相应的 t 和 t_1 的偏差选取，但 $(d-t)$ 的偏差值应取负号。

附表13 圆柱销(GB/T 119.1—2000)

A型 $d_{公差}$:m6　　B型 $d_{公差}$:h8　　C型 $d_{公差}$:h11　　D型 $d_{公差}$:u8

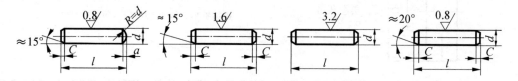

标记示例

公称直径 $d=8$ mm、长度 $l=30$ mm、材料35钢、热处理硬度28～38HRC、表面氧化处理的A型圆柱销：
销 GB/T 119.1—2000　A8×30

公称直径 $d=8$ mm、长度 $l=30$ mm、材料35钢、热处理硬度28～38HRC、表面氧化处理的B型圆柱销：
销 GB/T 119.1—2000　8×30

mm

d 公称	2	2.5	3	4	5	6	8	10	12	16	20
$a\approx$	0.25	0.3	0.4	0.5	0.63	0.80	1.0	1.2	1.6	2.0	2.5
$c\approx$	0.35	0.40	0.50	0.63	0.80	1.2	1.6	2.0	2.5	3.0	3.5
l(商品范围)	6～20	6～24	8～30	8～30	10～50	12～60	14～80	16～95	22～140	26～180	35～200
l 系列	6,8,10,12,14,16,18,20,22,24,26,28,30,32,35,40,45,50,55,60,65,70,75,80,85,90,95,100,120,140,160,180,200										

附表14 圆锥销(GB/T 117—2000)

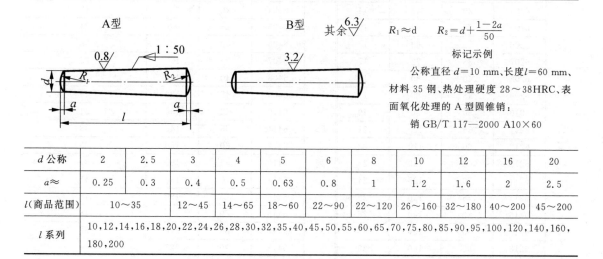

标记示例

公称直径 $d=10$ mm、长度 $l=60$ mm、材料35钢、热处理硬度28～38HRC、表面氧化处理的A型圆锥销：
销 GB/T 117—2000 A10×60

$R_1 \approx d$　　$R_2 = d + \dfrac{1-2a}{50}$

d 公称	2	2.5	3	4	5	6	8	10	12	16	20
$a\approx$	0.25	0.3	0.4	0.5	0.63	0.8	1	1.2	1.6	2	2.5
l(商品范围)		10～35	12～45	14～65	18～60	22～90	22～120	26～160	32～180	40～200	45～200
l 系列	10,12,14,16,18,20,22,24,26,28,30,32,35,40,45,50,55,60,65,70,75,80,85,90,95,100,120,140,160,180,200										

附表15 深沟球轴承(GB/T276——1994)

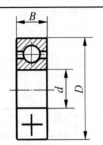

类型代号 6

标 记 示 例

尺寸系列代号为(02)、内径代号为06的深沟球轴承：

滚动轴承　6206　BG/T 276—1994

mm

轴承代号		外形尺寸			轴承代号		外形尺寸		
		d	D	B			d	D	B
01系列	6004	20	42	12	03系列	6304	20	52	15
	6005	25	47	12		6305	25	62	17
	6006	30	55	13		6306	30	72	19
	6007	35	62	14		6307	35	80	21
	6008	40	68	15		6308	40	90	23
	6009	45	75	16		6309	45	100	25
	6010	50	80	16		6310	50	110	27
	6011	55	90	18		6311	55	120	29
	6012	60	95	18		6312	60	130	31
	6013	65	100	18		6313	65	140	33
	6014	70	110	20		6314	70	150	35
	6015	75	115	20		6315	75	160	37
	6016	80	125	22		6316	80	170	39
	6017	85	130	22		6317	85	180	41
	6018	90	140	24		6318	90	190	43
	6019	95	145	24		6319	95	200	45
	6020	100	150	24		6320	100	215	47
02系列	6204	20	47	14	04系列	6404	20	72	19
	6205	25	52	15		6405	25	80	21
	6206	30	62	16		6406	30	90	23
	6207	35	72	17		6407	35	100	25
	6208	40	80	18		6408	40	110	27
	6209	45	85	19		6409	45	120	29
	6210	50	90	20		6410	50	130	31
	6211	55	100	21		6411	55	140	33
	6212	60	110	22		6412	60	150	35
	6213	65	120	23		6413	65	160	37
	6214	70	125	24		6414	70	180	42
	6215	75	130	25		6415	75	190	45
	6216	80	140	26		6416	80	200	48
	6217	85	150	28		6417	85	210	52
	6218	90	160	30		6418	90	225	54
	6219	95	170	32		6419	95	240	55
	6220	100	180	34		6420	100	250	58

附表 16 圆锥滚子轴承(GB/T 297—1994)

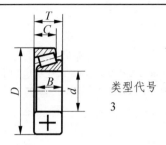

类型代号 3

标记示例
尺寸系列代号为 03、内径代号为 12 的圆锥滚子轴滚子轴承:滚动轴承 30312 BG/T 297—1994

mm

系列	轴承代号	外形尺寸					系列	轴承代号	外形尺寸				
		d	D	T	B	C			d	D	T	B	C
02系列	30204	20	47	15.25	14	12	22系列	32204	20	47	19.25	18	15
	30205	25	52	16.25	15	13		32205	25	52	19.25	18	16
	30206	30	62	17.25	16	14		32206	30	62	21.25	20	17
	30207	35	72	18.25	17	15		32207	35	72	24.25	23	19
	30208	40	80	19.75	18	16		32208	40	80	24.75	23	19
	30209	45	85	20.75	19	16		32209	45	85	24.75	23	19
	30210	50	90	21.75	20	17		32210	50	90	24.75	23	19
	30211	55	100	22.75	21	18		32211	55	100	26.75	25	21
	30212	60	110	23.75	22	19		32212	60	110	29.75	28	24
	30213	65	120	24.75	23	20		32213	65	120	32.75	31	27
	30214	70	125	26.25	24	21		32214	70	125	33.25	31	27
	30215	75	130	27.25	25	22		32215	75	130	33.25	31	27
	30216	80	140	28.25	26	22		32216	80	140	35.25	33	28
	30217	85	150	30.50	28	24		32217	85	150	38.50	36	30
	30218	90	160	32.50	30	26		32218	90	160	42.50	40	34
	30219	95	170	34.50	32	27		32219	95	170	45.50	43	37
	30220	100	180	37	34	29		32220	100	180	49	46	39
03系列	30304	20	52	16.25	15	13	23系列	32304	20	52	22.25	21	18
	30305	25	62	18.25	17	15		32305	25	62	25.25	24	20
	30306	30	72	20.75	19	16		32306	30	72	28.75	27	23
	30307	35	80	22.75	21	18		32307	35	80	32.75	31	25
	30308	40	90	25.25	23	20		32308	40	90	35.25	33	27
	30309	45	100	27.25	25	22		32309	45	100	38.25	36	30
	30310	50	110	29.25	27	23		32310	50	110	42.25	40	33
	30311	55	120	31.50	29	25		32311	55	120	45.50	43	35
	30312	60	130	33.50	31	26		32312	60	130	48.50	46	37
	30313	65	140	36	33	28		32313	65	140	51	48	39
	30314	70	150	38	35	30		32314	70	150	54	51	42
	30315	75	160	40	37	31		32315	75	160	58	55	45
	30316	80	170	42.50	39	33		32316	80	170	61.50	58	48
	30317	85	180	44.50	41	34		32317	85	180	63.50	60	49
	30318	90	190	46.50	43	36		32318	90	190	67.50	64	53
	30319	95	200	49.50	45	38		32319	95	200	71.50	67	55
	30320	100	215	51.50	47	39		32320	100	215	77.50	73	60

附表17 推力球轴承(GB/T301—1995)

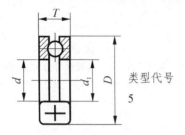

标记示例

尺寸系列代号为13、内径代号为10的推力球轴承：滚动轴承 51310 BG/T 301—1995

mm

轴承代号		外形尺寸				轴承代号		外形尺寸			
		d	D	T	d_{1min}			d	D	t	d_{1min}
11系列	51104	20	35	10	21	13系列	51304	20	47	18	22
	51105	25	42	11	26		51305	25	52	18	27
	51106	30	47	11	32		51306	30	60	21	32
	51107	35	52	12	37		51307	35	68	24	37
	51108	40	60	13	42		51308	40	78	26	42
	51109	45	65	14	47		51309	45	85	28	47
	51110	50	70	14	52		51310	50	95	31	52
	51111	55	78	16	57		51311	55	105	35	57
	51112	60	85	17	62		51312	60	110	35	62
	51113	65	90	18	67		51313	65	115	36	67
	51114	70	95	18	72		51314	70	125	40	72
	51115	75	100	19	77		51315	75	135	44	77
	51116	80	105	19	82		51316	80	140	44	82
	51117	85	110	19	87		51317	85	150	49	88
	51118	90	120	22	92		51318	90	155	50	93
	51120	100	135	25	102		51320	100	170	55	103
12系列	51204	20	40	14	22	14系列	51405	25	60	24	27
	51205	25	47	15	27		51406	30	70	28	32
	51206	30	52	16	32		51407	35	80	32	37
	51207	35	62	18	37		51408	40	90	36	42
	51208	40	68	19	42		51409	45	100	39	47
	51209	45	73	20	47		51410	50	110	43	52
	51210	50	78	22	52		51411	55	120	48	57
	51211	55	90	25	57		51412	60	130	51	62
	51212	60	95	26	62		51413	65	140	56	68
	51213	65	100	27	67		51414	70	150	60	73
	51214	70	105	27	72		51415	75	160	65	78
	51215	75	110	27	77		51416	80	170	68	83
	51216	80	115	28	82		51417	85	180	72	88
	51217	85	125	31	88		51418	90	190	77	93
	51218	90	135	35	93		51420	100	210	85	103
	51220	100	150	38	103		51422	110	230	95	113

3. 常用的零件结构要素

附表 18 紧固件通孔及沉头座尺寸(GB/T 152.2～152.4—1988 GB/T 5277—1985)

mm

螺纹规格 d			4	5	6	8	10	12	14	16	20	24
通孔直径 d_1 GB/T 5277—1985		精装配	4.3	5.3	6.4	8.4	10.5	13	15	17	21	25
		中等装配	4.5	5.5	6.6	9	11	13.5	15.5	17.5	22	26
		粗装配	4.8	5.8	7	10	12	14.5	16.5	18.5	24	28
六角头螺栓和螺母用沉孔 GB/T 152.4—1988	用于螺栓及六角螺母	d_2 (H15)	10	11	13	18	22	26	30	33	40	48
		d_3	—	—	—	—	—	16	18	20	24	28
		t	锪平为止									
圆柱头用沉孔 GB/T 152.3—1988	用于内六角圆柱头螺钉	d_2 (H13)	8	10	11	15	18	20	24	26	33	40
		d_3	—	—	—	—	—	16	18	20	24	28
		t (H13)	4.6	5.7	6.8	9	11	13	15	17.5	21.5	25.5
	用于开槽圆柱头及内六角圆柱头螺钉	d_2 (H13)	8	10	11	15	18	20	24	26	33	—
		d_3	—	—	—	—	—	16	18	20	24	—
		t (H13)	3.2	4	4.7	6	7	8	9	10.5	12.5	—
沉头用沉孔 GB/T 152.2—1988	用于沉头及半沉头螺钉	d_2 (H13)	9.6	10.6	12.8	17.6	20.3	24.4	28.4	32.4	40.4	—
		$t \approx$	2.7	2.7	3.3	4.6	5	6	7	8	10	—

注：尺寸下带括号的为其公差带

附表 19　倒角和倒圆（GB/T 6403.4—1986）

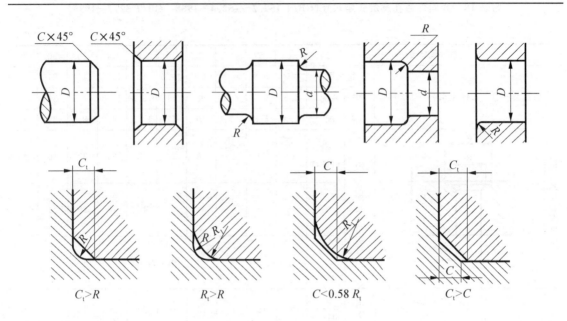

mm

直径 D	>3～6	>6～10	>10～18	>18～30	>30～50	>50～80	>80～120	>120～180
R 或 C	0.4	0.6	0.8	1	1.6	2	2.5	3
R_1 或 C_1	0.8	1.2	1.6	2	3	4	5	6

注：倒角一般采用 45°，也可采用 30° 或 60°。

附表 20　砂轮越程槽（GB/T 6403.5—1986）

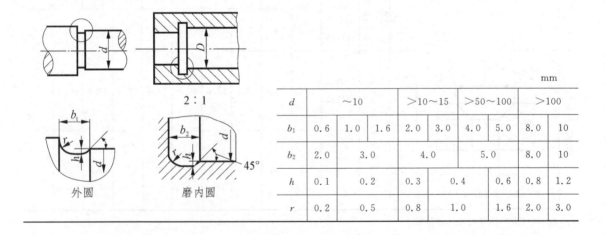

mm

d		～10		>10～15		>50～100		>100
b_1	0.6	1.0	1.6	2.0	3.0	4.0	5.0	8.0	10
b_2	2.0		3.0		4.0		5.0	8.0	10
h	0.1		0.2	0.3		0.4	0.6	0.8	1.2
r	0.2		0.5	0.8		1.0	1.6	2.0	3.0

附表 21 普通螺纹退刀槽和倒角(GB/T 3—1997)

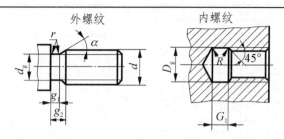

mm

	螺距 P	0.5	0.6	0.7	0.75	0.8	1	1.25	1.5	1.75	2	2.5	3
外螺纹	g_2 max	1.5	1.8	2.1	2.25	2.4	3	3.75	4.5	5.25	6	7.5	9
	g_1 min	0.8	0.9	1.1	1.2	1.3	1.6	2	2.5	3	3.4	4.4	5.2
	d_g	$d-0.8$	$d-1$	$d-1.1$	$d-1.2$	$d-1.3$	$d-1.6$	$d-2$	$d-2.3$	$d-2.6$	$d-3$	$d-3.6$	$d-4.4$
	$r\approx$	0.2	0.4	0.4	0.4	0.4	0.6	0.6	0.8	1	1	1.2	1.6
	始端端面倒角一般为 45°,也可采用 60°或 30°;深度应大于或等于螺纹牙型高度;过渡角 α 不应小于 30°												
内螺纹	G_1	2	2.4	2.8	3	3.2	4	5	6	7	8	10	12
	D_g	$D+0.3$						$D+0.5$					
	$R\approx$	0.2	0.3	0.4	0.4	0.4	0.5	0.6	0.8	0.9	1	1.2	1.5
	入口端面倒角一般为 120°,也可采用 90°;端面倒角直径为 $(1.05-1)D$。其中 D 为螺纹公称直径。												

4. 极限与配合

附表 22 基本尺寸小于 500 mm 的标准公差

μm

基本尺寸/ mm	公差等级																	
	IT01	IT0	IT1	IT2	IT3	IT4	IT5	IT6	IT7	IT8	IT9	IT10	IT11	IT12	IT13	IT14	IT15	IT16	IT17	IT18
3	0.3	0.5	0.8	1.2	2	3	4	6	10	14	25	40	60	100	140	250	400	600	1 000	1 400
>3~6	0.4	0.6	1	1.5	2.5	4	5	8	12	18	30	48	75	120	180	300	480	750	1 200	1 800
>6~10	0.4	0.6	1	1.5	2.5	4	6	9	15	22	36	58	90	150	220	360	580	900	1 500	2 200
>10~18	0.5	0.8	1.2	2	3	5	8	11	18	27	43	70	110	180	270	430	700	1 100	1 800	2 700
>18~30	0.6	1	1.5	2.5	4	6	9	13	21	33	52	84	130	210	330	520	840	1 300	2 100	3 300
>30~50	0.7	1	1.5	2.5	4	7	11	16	25	39	62	100	160	250	390	620	1 000	1 600	2 500	3 900
>50~80	0.8	1.2	2	3	5	8	13	19	30	46	74	120	190	300	460	740	1 200	1 900	3 000	4 600
>80~120	1	1.5	2.5	4	6	10	15	22	35	54	87	140	220	350	540	870	1 400	2 200	3 500	5 400
>120~180	1.2	2	3.5	5	8	12	18	25	40	63	100	160	250	400	630	1 000	1 600	2 500	4 000	6 300
>180~250	2	3	4.5	7	10	14	20	29	46	72	115	185	290	460	720	1 150	1 850	2 900	4 600	7 200
>250~315	2.5	4	6	8	12	16	23	32	52	81	130	210	320	520	810	1 300	2 100	3 200	5 200	8 100
>315~400	3	5	7	9	13	18	25	36	57	89	140	230	360	570	890	1 400	2 300	3 600	5 700	8 900
>400~500	4	6	8	10	15	20	27	40	63	97	155	250	400	630	970	1 550	2 500	4 000	6 300	9 700

附表 23 基本尺寸至 500 mm 优先常

代号 基本尺寸/mm	c	d		e		f		g		h							js
																	公差
	11	8	9	7	8	7	8	6	7	5	6	7	8	9	10	11	6
≤3	−60 −120	−20 −34	−20 −45	−14 −24	−14 −28	−6 −16	−6 −20	−2 −8	−2 −12	0 −4	0 −6	0 −10	0 −14	0 −25	0 −40	0 −60	±3
>3 ~6	−70 −145	−30 −48	−30 −60	−20 −32	−20 −38	−10 −22	−10 −28	−4 −12	−4 −16	0 −5	0 −8	0 −12	0 −18	0 −30	0 −48	0 −75	±4
>6 ~10	−80 −170	−40 −62	−40 −76	−25 −40	−25 −47	−13 −28	−13 −35	−5 −14	−5 −20	0 −6	0 −9	0 −15	0 −22	0 −36	0 −58	0 −90	±4.5
>10 ~14	−95 −205	−50 −77	−50 −93	−32 −50	−32 −59	−16 −34	−16 −43	−6 −17	−6 −24	0 −8	0 −11	0 −18	0 −27	0 −43	0 −70	0 −110	±5.5
>14 ~18																	
>18 ~24	−110 −240	−65 −98	−65 −117	−40 −61	−40 −73	−20 −41	−20 −53	−7 −20	−7 −28	0 −9	0 −13	0 −21	0 −33	0 −52	0 −84	0 −130	±6.5
>24 ~30																	
>30 ~40	−120 −280	−80 −119	−80 −142	−50 −75	−50 −89	−25 −50	−25 −64	−9 −25	−9 −34	0 −11	0 −16	0 −25	0 −39	0 −62	0 −100	0 −160	±8
>40 ~50	−130 −290																
>50 ~65	−140 −330	−100 −146	−100 −174	−60 −90	−60 −106	−30 −60	−30 −76	−10 −29	−10 −40	0 −13	0 −19	0 −30	0 −46	0 −74	0 −120	0 −190	±9.5
>65 ~80	−150 −340																
>80 ~100	−170 −390	−120 −174	−120 −207	−72 −107	−72 −126	−36 −71	−36 −90	−12 −34	−12 −47	0 −15	0 −22	0 −35	0 −54	0 −87	0 −140	0 −220	±11
>100 ~120	−180 −400																
>120 ~140	−200 −450	−145 −208	−145 −245	−85 −125	−85 −148	−43 −83	−43 −106	−14 −39	−14 −54	0 −18	0 −25	0 −40	0 −63	0 −100	0 −160	0 −250	±12.5
>140 ~160	−210 −460																
>160 ~180	−230 −480																
>180 ~200	−240 −530	−170 −242	−170 −285	−100 −146	−100 −172	−50 −96	−50 −122	−15 −44	−15 −61	0 −20	0 −29	0 −46	0 −72	0 −115	0 −185	0 −290	±14.5
>200 ~225	−260 −550																
>225 ~250	−280 −570																
>250 ~280	−300 −620	−190 −271	−190 −320	−110 −162	−110 −191	−56 −108	−56 −137	−17 −49	−17 −69	0 −23	0 −32	0 −52	0 −81	0 −130	0 −210	0 −320	±16
>280 ~315	−330 −650																
>315 ~355	−360 −720	−210 −290	−210 −350	−125 −182	−125 −214	−62 −119	−62 −151	−18 −54	−18 −75	0 −25	0 −36	0 −57	0 −89	0 −140	0 −230	0 −360	±18
>355 ~400	−400 −760																
>400 ~450	−440 −840	−230 −327	−230 −385	−135 −198	−135 −232	−68 −131	−68 −165	−20 −60	−20 −83	0 −27	0 −40	0 −63	0 −97	0 −155	0 −250	0 −400	±20
>450 ~500	−480 −880																

用配合轴的极限偏差表 μm

k		m		n		p		r		s		t		u	v	x	y	z
6	7	6	7	5	6	6	7	6	7	5	6	6	7	6	6	6	6	6
+6/0	+10/0	+8/+2	+12/+2	+8/+4	+10/+4	+12/+6	+16/+6	+16/+10	+20/+10	+18/+14	+20/+14	—	—	+24/+18	—	+26/+20	—	+32/+26
+9/+1	+13/+1	+12/+4	+16/+4	+13/+8	+16/+8	+20/+12	+24/+12	+23/+15	+27/+15	+24/+19	+27/+19	—	—	+31/+23	—	+36/+28	—	+43/+35
+10/+1	+16/+1	+15/+6	+21/+6	+16/+10	+19/+10	+24/+15	+30/+15	+28/+19	+34/+19	+29/+23	+32/+23	—	—	+37/+28	—	+43/+34	—	+51/+42
+12/+1	+19/+1	+18/+7	+25/+7	+20/+12	+23/+12	+29/+18	+36/+18	+34/+23	+41/+23	+36/+28	+39/+28	—	—	+44/+33	—	+51/+40	—	+61/+50
															+55/+39	+56/+45	—	+71/+60
+15/+2	+23/+2	+21/+8	+29/+8	+24/+15	28/+15	+35/+22	+43/+22	+41/+28	+49/+28	+44/+35	+48/+35	—	—	+54/+41	+60/+47	+67/+54	+76/+63	+83/+73
												+54/+41	+62/+41	+61/+48	+68/+55	+77/+64	+88/+75	+101/+88
+18/+2	+27/+2	+25/+9	+34/+9	+28/+17	+33/+17	+42/+26	+51/+26	+50/+34	+59/+34	+54/+43	+59/+43	+64/+48	+73/+48	+76/+60	+84/+68	+96/+80	+110/+94	+128/+112
												+70/+54	+79/+54	+86/+70	+97/+81	+113/+97	+130/+114	+152/+136
+21/+2	+32/+2	+30/+11	+41/+11	+33/+20	+39/+20	+51/+32	+62/+32	+60/+41	+71/+41	+66/+53	+72/+53	+85/+66	+96/+66	+106/+87	+121/+102	+141/+122	+163/+144	+191/+172
								+62/+43	+73/+43	+72/+59	+78/+59	+94/+75	+105/+75	+121/+102	+139/+120	+165/+146	+193/+174	+229/+210
+25/+3	+38/+3	+35/+13	+48/+13	+38/+23	+45/+23	+59/+37	+72/+37	+73/+51	+86/+51	+86/+71	+93/+71	+113/+91	+126/+91	+146/+124	+168/+146	+200/+178	+236/+214	+280/+258
								+76/+54	+89/+54	+94/+79	+101/+79	+126/+104	+139/+104	+166/+144	+194/+172	+232/+210	+276/+254	+332/+310
+28/+3	+43/+3	+40/+15	+55/+15	+45/+27	+52/+27	+68/+43	+83/+43	+88/+63	+103/+63	+110/+92	+117/+92	+147/+122	+162/+122	+195/+170	+227/+202	+273/+248	+325/+300	+390/+365
								+90/+65	+105/+65	+118/+100	+125/+100	+159/+134	+174/+134	+215/+190	+253/+228	+305/+280	+365/+340	+440/+415
								+93/+68	+108/+68	+126/+108	+133/+108	+171/+146	+186/+146	+235/+210	+277/+252	+335/+310	+405/+380	+490/+465
+33/+4	+50/+4	+46/+17	+63/+17	+51/+31	+60/+31	+79/50	+96/+50	+106/+77	+123/+77	+142/+122	+151/+122	+195/+166	+212/+166	+265/+236	+313/+284	+379/+350	+454/+425	+549/+520
								+109/+80	+126/+80	+150/+130	+159/+130	+209/+180	+226/+180	+287/+258	+339/+310	+414/+385	+499/+470	+604/+575
								+113/+84	+130/+84	+160/+140	+169/+140	+221/+196	+242/+196	+313/+284	+369/+340	+455/+425	+549/+520	+669/+640
+36/+4	+56/+4	+52/+20	+72/+20	+57/+34	+66/+34	+88/+56	+108/+56	+126/+94	+146/+94	+181/+158	190/158	+250/+218	+270/+218	+347/+315	+417/+385	+507/+475	+612/+580	+742/+710
								+130/+98	+150/+98	+193/+170	+202/+170	+272/+240	+292/+240	+382/+350	+457/+425	+557/+525	+682/+650	+822/+790
+40/+4	+61/+4	+57/+21	+78/+21	+62/+37	+73/+37	+98/+62	+119/+62	+144/+108	+165/+108	+215/+190	+226/+190	+304/+268	+325/+268	+426/+390	+511/+475	+626/+590	+766/+730	+936/+900
								+150/+114	+171/+114	+233/+208	+244/+208	+330/+294	+351/+294	+471/+435	+566/+530	+696/+660	+856/+820	+1 036/+1 000
+45/+5	+68/+5	+63/+23	+86/+23	+67/+40	+80/+40	+108/+68	+131/+68	+166/+126	+189/+126	+259/+232	+272/+232	+370/+330	+393/+330	+530/+490	+635/+595	+780/+740	+960/+920	+1 140/+1 100
								+172/+132	+195/+132	+279/+252	+292/+252	+400/+360	+423/+360	+580/+540	+700/+660	+860/+820	+1 040/+1 000	+1 290/+1 250

附表 24 基本尺寸至 500 mm 优先常

代号 基本尺寸/mm	C	D		E		F		G		H					
										公 差					
	11	9	10	8	9	8	9	6	7	6	7	8	9	10	11	12
≤3	+120 +60	+45 +20	+60 +20	+28 +14	+39 +14	+20 +6	+31 +6	+8 +2	+12 +2	+6 0	+10 0	+14 0	+25 0	+40 0	+60 0	+100 0
>3 ~6	+145 +70	+60 +30	+78 +30	+38 +20	+50 +20	+28 +10	+40 +10	+12 +4	+16 +4	+8 0	+12 0	+18 0	+30 0	+48 0	+75 0	+120 0
>6 ~10	+170 +80	+76 +40	+98 +40	+47 +25	+61 +25	+35 +13	+49 +13	+14 +5	+20 +5	+9 0	+15 0	+22 0	+36 0	+58 0	+90 0	+150 0
>10 ~14	+250 +95	+93 +50	+120 +50	+59 +32	+75 +32	+43 +16	+59 +16	+17 +6	+24 +6	+11 0	+18 0	+27 0	+43 0	+70 0	+110 0	+180 0
>14 ~18																
>18 ~24	+240 +110	+117 +65	+149 +65	+73 +40	+92 +40	+53 +20	+72 +20	+20 +7	+28 +7	+13 0	+21 0	+33 0	+52 0	+84 0	+130 0	+210 0
>24 ~30																
>30 ~40	+280 +120	+142 +80	+180 +80	+89 +50	+112 +50	+64 +25	+87 +25	+25 +9	+34 +9	+16 0	+25 0	+39 0	+62 0	+100 0	+160 0	+250 0
>40 ~50	+290 +130															
>50 ~65	+330 +140	+174 +100	+220 +100	+106 +60	+134 +60	+76 +30	+104 +30	+29 +10	+40 +10	+19 0	+30 0	+46 0	+74 0	+120 0	+190 0	+300 0
>65 ~80	+340 +150															
>80 ~100	+390 +170	+207 +120	+260 +120	+126 +72	+159 +72	+90 +36	+123 +36	+34 +12	+47 +12	+22 0	+35 0	+54 0	+87 0	+140 0	+220 0	+350 0
>100 ~120	+400 +180															
>120 ~140	+450 +200	+245 +145	+305 +145	+148 +85	+185 +85	+106 +43	+143 +43	+39 +14	+54 +14	+25 0	+40 0	+63 0	+100 0	+160 0	+250 0	+400 0
>140 ~160	+460 +210															
>160 ~180	+480 +230															
>180 ~200	+530 +240	+285 +170	+335 +170	+172 +100	+215 +100	+122 +50	+165 +50	+44 +15	+61 +15	+29 0	+46 0	+72 0	+115 0	+185 0	+290 0	+460 0
>200 ~225	+550 +260															
>225 ~250	+570 +280															
>250 ~280	+620 +300	+320 +190	+400 +190	+191 +110	+240 +110	+137 +56	+186 +56	+49 +17	+69 +17	+32 0	+52 0	+81 0	+130 0	+210 0	+320 0	+520 0
>280 ~315	+650 +330															
>315 ~355	+720 +360	+350 +210	+440 +210	+214 +125	+265 +125	+151 +62	+202 +62	+54 +18	+75 +18	+36 0	+57 0	+89 0	+140 0	+230 0	+360 0	+570 0
>355 ~400	+760 +400															
>400 ~450	+840 +440	+385 +230	+480 +230	+232 +135	+290 +135	+165 +68	+223 +68	+60 +20	+83<.br>+20	+40 0	+63 0	+97 0	+155 0	+250 0	+400 0	+630 0
>450 ~500	+880 +480															

用配合孔的极限偏差表 μm

等级	JS 7	JS 8	K 6	K 7	M 7	M 8	N 6	N 7	P 6	P 7	R 6	R 7	S 6	S 7	T 6	T 7	U 6
	±5	±7	0 −6	0 −10	−2 −12	−2 −16	−4 −10	−4 −14	−6 −12	−6 −16	−10 −16	−10 −20	−14 −20	−14 −24	—	—	−18 −24
	±6	±9	+2 −6	+3 −9	0 −12	+2 −16	−5 −13	−4 −16	−9 −17	−8 −20	−12 −20	−11 −23	−16 −24	−15 −27	—	—	−20 −28
	±7	±11	+2 −7	+5 −10	0 −15	+1 −21	−7 −16	−4 −19	−12 −21	−9 −24	−16 −25	−13 −28	−20 −29	−17 −32	—	—	−25 −34
	±9	±13	+2 −9	+6 −12	0 −18	+2 −25	−9 −20	−9 −23	−15 −26	−11 −29	−20 −31	−16 −34	−25 −36	−21 −39	—	—	−30 −41
	±10	±16	+2 −11	+6 −15	0 −21	+4 −29	−11 −24	−7 −28	−18 −31	−14 −35	−24 −37	−20 −41	−31 −44	−27 −48	— −37 −50	— −33 −54	−37 −50 −44 −57
	±12	±19	+3 −13	+7 −18	0 −25	+5 −34	−12 −28	−8 −33	−21 −37	−17 −42	−29 −45	−25 −50	−38 −54	−34 −59	−43 −59 −49 −65	−39 −64 −45 −70	−55 −71 −65 −81
	±15	±23	+4 −15	+9 −21	0 −30	+5 −41	−14 −33	−9 −39	−26 −45	−21 −51	−35 −54 −37 −56	−30 −60 −32 −62	−47 −66 −53 −72	−42 −72 −48 −72	−60 −79 −69 −88	−55 −85 −64 −94	−81 −100 −96 −115
	±17	±27	+4 −18	+10 −25	0 −35	+6 −48	−16 −38	−10 −45	−30 −52	−24 −59	−44 −66 −47 −69	−38 −73 −41 −76	−64 −86 −72 −94	−58 −93 −66 −101	−84 −106 −97 −119	−78 −113 −91 −126	−117 −139 −137 −159
	±20	±31	+4 −21	+12 −28	0 −40	+8 −55	−20 −45	−12 −52	−36 −61	−28 −68	−56 −81 −58 −83	−48 −88 −50 −90	−85 −110 −93 −118	−77 −117 −85 −125	−115 −140 −127 −152	−107 −147 −119 −159	−163 −188 −183 −208
	±23	±36	+5 −24	+13 −33	0 −46	+9 −63	−22 −51	−14 −60	−41 −70	−33 −79	−68 −97 −71 −100 −75 −104	−60 −106 −63 −109 −67 −113	−113 −142 −121 −150 −131 −160	−105 −151 −113 −159 −123 −169	−157 −186 −171 −200 −187 −216	−149 −195 −163 −209 −179 −225	−227 −256 −249 −278 −275 −304
	±26	±40	+5 −27	+16 −36	0 −52	+9 −72	−25 −57	−14 −66	−47 −79	−36 −88	−85 −117 −89 −121	−74 −126 −78 −130	−149 −181 −161 −193	−138 −190 −150 −202	−209 −241 −231 −263	−198 −250 −220 −272	−306 −338 −341 −373
	±28	±44	+7 −29	+17 −40	0 −57	+11 −78	−26 −62	−16 −73	−51 −87	−41 −98	−97 −133 −103 −139	−87 −144 −93 −150	−179 −215 −197 −233	−169 −226 −187 −244	−257 −293 −283 −319	−247 −304 −273 −330	−379 −415 −424 −460
	±31	±48	+8 −32	+18 −45	0 −63	+11 −86	−27 −67	−17 −80	−55 −95	−45 −108	−113 −153 −119 −159	−103 −166 −109 −172	−219 −259 −239 −279	−209 −272 −229 −292	−317 −357 −347 −387	−307 −370 −337 −400	−477 −517 −527 −567

5．常用金属材料及热处理

附表 25　常用金属材料

标　准	名　称	牌　号	应 用 举 例	说　明
GB/T 700—1988	碳素结构钢	Q215A Q214A-F	金属结构构件、拉杆、套圈、铆钉、螺栓、短轴、心轴、凸轮（载荷不大的）、吊钩、垫圈，渗碳零件及焊接件	Q 为钢材屈服点"屈"字汉语拼音首位字母，数字表示屈服强度（MPa），A，B，C，D 为质量等级，F 表示沸腾钢
		Q235	金属结构构件，心部强度要求不高的渗碳或氰化零件：吊钩、拉杆、车钩、套圈、气缸、齿轮、螺栓、螺母、连杆、轮轴、楔、盖及焊接件	
		Q275	转轴、心轴、销轴、链轮、刹车杆、螺栓、螺母、垫圈、连杆、吊钩、楔、齿轮、键以及其他强度需较高的零件。这种钢焊接性尚可	
GB/T 6999—1999	优质碳素结构钢	15	塑性、韧性、焊接性和冷冲性均良好，但强度较低。用于制造受力不大、韧性要求较高的零件、紧固件、冲模锻件及不要热处理的低负荷零件，如螺栓、螺钉拉条、法兰盘及化工贮器、蒸气锅炉等	牌号的两位数字表示碳的平均质量分数，45 钢即表示碳的平均质量分数为 0.45 %，含锰量较高的钢，须加注化学元素符号 Mn
		20	用于不受很大应力而要求很大韧性的各种机械零件，如杠杆、轴套、螺钉、拉杆、起重钩等。也用于制造压力＜6MPa，温度＜450 ℃ 的非腐蚀介质中使用的零件，如管子、导管等	
		35	性能与 30 钢相似，用于制造曲轴、转轴、轴销、杠杆、连杆、横梁、星轮、圆盘、套筒、钩环、垫圈、螺钉、螺母等。一般不作焊接用	
		45	用于强度要求较高的零件，如汽轮机的叶轮、压缩机、泵的零件等	
		60	这种钢的强度和弹性相当高，用于制造轧辊、轴、弹簧圈、弹簧、离合器、凸轮、钢绳等	
		75	用于板弹簧、螺旋弹簧以及受磨损的零件	
		15Mn	性能与 15 钢相似，但淬透性及强度和塑性比 15 钢都高些。用于制造中心部分的机械性能要求较高，且须渗碳的零件。焊接性好	
		45Mn	用于受磨损的零件，如转轴、心轴、齿轮、叉等。焊接性差。还可做受较大载荷的离合器盘、花键轴、凸轮轴、曲轴等	
		65Mn	强度高，淬透性较大，脱碳倾向小，但有过热敏感性。易生淬火裂纹，并有回火脆性。适用于较大尺寸的各种扁、圆弹簧，以及其他经受摩擦的农机具零件	
GB/T 11352—1989	工程铸钢	ZC200-400	用于制造受力不大，韧性要求高的零件，如机座、变速箱体等	ZG 表示铸钢，是汉语拼音铸钢两字首位字母。ZG 后两组数字是屈服强度（MPa）和抗拉强度（MPa）的最低值
		ZG270-500	用于制造各种形状的零件，如飞轮、机架、水压机工作缸、横梁等	
		ZG310-570	用于制造重负荷零件，如联轴器、大齿轮、缸体、机架、轴等	

续附表 25

标准	名称	牌号	应用举例	说明
GB/T 9439—1988	灰铸铁	HT100	低强度铸铁,用于制造把手、盖、罩、手轮、底板等要求不高的零件	HT 是灰铁两字汉语拼音的首位字母。数字表示最低抗拉强度(MPa)
		HT150	中等强度铸铁,用于一般铸件,如机床床身、工作台、轴承座、齿轮、箱体、阀体、泵体等	
		HT200 HT250	较高强度铸铁,用于较重要铸件,如齿轮、齿轮箱体、机座、床身、阀体、汽缸、联轴器盘、凸轮、带轮等	
		HT300 HT350	高强度铸铁,制造床身、床身导轨、机座、主轴箱、曲轴、液压泵体、齿轮、凸轮、带轮等	
GB/T 1438—1988	球墨铸铁	QT 400-15 QT 450-10 QT 500-7	具有中等强度和韧性,用于制造油泵齿轮、轴瓦、壳体、阀体、气缸、轮毂等	QT 表示球黑铸铁,它后面的第一组数值表示抗拉强度值(MPa),"—"后面的数值为最小伸长率(%)
		QT 600-3 QT 700-2 QT 800-2	具有较高的强度,用于制造曲轴、缸体、滚轮、凸轮、气缸套、连杆、小齿轮等	
GB/T 9440—1988	可锻铸铁	KTH300-06	具有较高的强度,用于制造受冲击、振动及扭转负荷的汽车、机床零件等	KTH,KTZ,KIB 分别表示黑心、珠光体和白心可锻铸铁,第一组数字表示抗拉强度(MPa),"—"后面的值为最小伸长率(%)
		KTZ550-04 KTB350-04	具有较高强度、耐磨性好,韧性较差,用于制造轴承座、轮毂、箱体、履带、齿轮、连杆、轴、活塞环等	
GB/T 1176—1987	黄铜	ZCuZn38	一般用于制造耐蚀零件,如阀座、手柄、螺钉、螺母、垫圈等	铸黄铜,w_{Zn}38%
	锡青铜	ZCuSn5Pb5Zn5	耐磨性和耐蚀性能好,用于制造在中等和高速滑动速度下工作的零件,如轴瓦、衬套、缸套、齿轮、蜗轮等	铸锡青铜、锡、铅、锌质量分数各为 5%
		ZCuSn10Pb1		铸锡青铜,w_{Sn}10%,w_{Pb}1%
	铝青铜	ZCuAl9Mn2	强度高,耐蚀性好,用于制造衬套、齿轮、蜗轮和气密性要求高的铸件	铸铝青铜,w_{Al}9%,w_{Mn}2%
GB/T 1173—1995	铸造铝合金	ZAlSi7Mg	适用于制造承受中等负荷、形状复杂的零件,如水泵体、汽缸体、抽水机和电器、仪表的壳体等	铸造铝合金,w_{Si} 约 7%,w_{Mg} 约 0.35%
		ZAlSi5Cu1Mg	用于风冷发动机的气缸头、机闸、油泵体等 225 ℃ 以下工作的零件	
		ZAlCu4	用于中等载荷、形状较简单的 200 ℃ 以下工作的小零件	

附表 26　常用热处理方法及应用

名　称	说　明	目的与适用范围
退火（焖火）	将钢件加热到临界温度以上，保温一段时间，然后缓慢地冷却下来（例如在炉中冷却）	用来消除铸、锻、焊零件的内应力，降低硬度，改善加工性能，增加塑性和韧性，细化金属晶粒，使组织均匀。适用于 w_c 在 0.83% 以下的铸、锻、焊零件
正火（正常化）	将钢件加热到临界温度以上，保温一段时间，然后在空气中冷却下来，冷却速度比退火快	用来处理低碳和中碳结构钢件及渗碳零件，使其晶粒细化，增加强度与韧性，改善切削加工性能
淬火	将钢件加热到临界温度以上，保温一定时间，然后在水、盐水或油中急速冷却下来，使其增加硬度、耐磨性	用来提高钢的硬度、强度及耐磨性。但淬火后会引起内应力及脆性，因此淬火后的钢铁必须回火
回火	将淬火后的钢件，加热到临界温度以下的某一温度，保温一段时间，然后在空气中或油中冷却下来	用来消除淬火时产生的脆性和内应力，以提高钢件的韧性和强度。用于高碳钢制作的工具、量具、刃具，用 150～250 ℃ 回火；弹簧用 270～450 ℃ 回火
调质	淬火后进行高温回火（450～650 ℃）	可以完全消除内应力，并获得较高的综合力学性能。一些重要零件淬火后都要经过调质处理，如轴齿轮等
表面淬火	用火焰或高频电流将零件表面迅速加热至临界温度以上，急速冷却	使零件表层有较高的硬度和耐磨性，而内部保持一定的韧性，使零件既耐磨又能承受冲击，如重要的齿轮、曲轴、活塞销等
渗碳	将低、中碳（$w_c<0.4\%$）钢件，在渗碳剂中加热到 900～950 ℃，停留一段时间，使零件表面渗碳层达 0.4～0.6 mm，然后淬火	增加零件表面硬度、耐磨性、抗拉强度及疲劳极限。适用于低碳、中碳结构钢的中小型零件及大型重负荷、受冲击、耐磨的零件
液化碳氮共渗	使零件表面增加碳和氮，其扩散层深度较浅（0.02～3 mm）。在 0.02～0.04 mm 层具有高硬度 66～70HRC	增加结构钢、工具钢零件的表面硬度、耐磨性及疲劳极限，提高刀具切削性能和使用寿命。适用于要求硬度高、耐磨的中、小型及薄片的零件和刀具
渗碳	使零件表面增氮，氮化层为 0.025～0.8 mm。氮化层硬度极高（达 1200HV）	增加零件的表面硬度、耐磨性、疲劳极限及抗蚀能力。适用于含铝、铬、钼、锰等合金钢，如要求耐磨的主轴、量规、样板、水泵轴、排气门等零件
时效处理	天然时效：在空气中长期存放半年到一年以上 人工时效：加热到 200 ℃ 左右，保温 10～20 h 或更长时间	使铸件或淬火后的钢件慢慢消除其内应力，而达到稳定其形状和尺寸，如机床身等大型铸件
冰冷处理	将淬炎钢件继续冷却至室温以下的处理方法	进一步提高零件的硬度、耐磨性，使零件尺寸趋于稳定，如用于滚动轴承的钢球
发蓝发黑	用加热方法使零件工作表面形成一层氧化铁组成的保护性薄膜	防腐蚀、美观，用于一般紧固件

6. 图线宽度

附表 27　图线宽度(摘自 BG/T 4457.4—2002)

组　别	1	2	3	4	5	主要应用
线宽/mm	2.0	1.4	1.0	0.7	0.5	粗实线、粗点画线
	1.0	0.7	0.5	0.35	0.25	细实线、波浪线、双折线、虚线、细点画线、双点画线

注：优先采用第 4,5 组。

7. 常用标注尺寸的符号比例画法

(1) 标注尺寸的符号及缩写词(摘自 GB/T 18594—2001)

附表 28　标注尺寸的常用符号及缩写词

序号	1	2	3	4	5	6	7	8	9	10	11	12	13	14
含义	直径	半径	球直径	球半径	厚度	均布(缩写词)	45°倒角	正方形	深度	沉孔或锪平	埋头孔	弧长	斜度	锥度
符号	ϕ	R	$S\phi$	SR	t	EQS	C	□	▼	⊔	∨	⌒	∠	◁

(2) 常用符号的比例画法

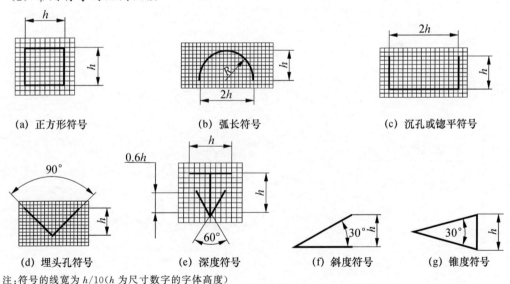

(a) 正方形符号　　(b) 弧长符号　　(c) 沉孔或锪平符号

(d) 埋头孔符号　　(e) 深度符号　　(f) 斜度符号　　(g) 锥度符号

注：符号的线宽为 $h/10$ (h 为尺寸数字的字体高度)。

参考文献

[1] 石光源,周积义,彭福荫.机械制图[M].北京:高等教育出版社,1995.
[2] 强毅.技术制图国家标准应用指南[M].中国工业标准化技术服务部,1995.
[3] 夏华生.机械制图[M].北京:高等教育出版社,1998.
[4] 金大鹰.机械制图[M].5版.北京:机械工业出版社,2000.
[5] 刘小年,刘振魁.机械制图[M].北京:高等教育出版社,2001.
[6] 常明.机械制图[M].武汉:华中科技大学出版社,2001.
[7] 杨惠英,王玉坤.机械制图[M].北京:高等教育出版社,2002.
[8] 王谟金.机械制图[M].北京:清华大学出版社,2004.
[9] 成大先.机械设计手册[M].北京:化学工业出版社,2004.
[10] 胡建生.机械制图[M].3版.北京:机械工业出版社,2006.